青少年心理品质丛书
主编：夏阳

常让自己感动自己

张俊红◎编著

新疆美术摄影出版社
新疆电子音像出版社

图书在版编目(CIP)数据

常让自己感动自己 / 张俊红编著. -- 乌鲁木齐:新疆美术摄影出版社:新疆电子音像出版社,2013.4
　ISBN 978-7-5469-3896-7

　Ⅰ.①常… Ⅱ.①张… Ⅲ.①成功心理－青年读物②成功心理－少年读物 Ⅳ.①B848.4-49

中国版本图书馆 CIP 数据核字(2013)第 071493 号

常让自己感动自己　　　主　编　夏　阳

编　　著	张俊红
责任编辑	吴晓霞
责任校对	李　瑞
制　　作	乌鲁木齐标杆集印务有限公司
出版发行	新疆美术摄影出版社
	新疆电子音像出版社
地　　址	乌鲁木齐市经济技术开发区科技园路 7 号
邮　　编	830011
印　　刷	北京新华印刷有限公司
开　　本	787 mm×1 092 mm　　　1/16
印　　张	11.25
字　　数	190 千字
版　　次	2013 年 7 月第 1 版
印　　次	2013 年 7 月第 1 次印刷
书　　号	ISBN 978-7-5469-3896-7
定　　价	45.00 元

本社出版物均在淘宝网店:新疆旅游书店(http://xjdzyx.taobao.com)有售,欢迎广大读者通过网上书店购买。

目

录

目

录

3

微笑过生活

　　我爱微笑,并深深迷恋着这种美丽的表情。也许这缘于我对一位哲人的拜访,我问她怎样才能永远年轻和快乐。哲人笑而不答。刹那间,我大悟道:对呀!是微笑。它是花朵,不分四季,不论南北,只要有人的地方都会开放,越是高洁的心灵,微笑之花越美。

　　永远微笑的人是快乐的,永远微笑的面孔永远年轻。

　　人生的乐趣莫过于微笑着面对一切,它缘于佛祖拈花微笑的智慧,于是佛教便有了无语的禅宗,微笑便成了一种领悟、一种修行。只要你可以自信而不轻狂,悲伤而不颓废,衰老而不僵化……

　　我要微笑着对自己。孰知茫茫人海中谁人是我,漫漫千年后我又扮谁?

　　我要微笑着面对别人。不论是冒犯,还是恭维。微笑会让冒犯者无地自容。正是你的宽容包容了他人的狭隘,你的理智唤醒了他人的良知,你的胜利不再是言语的得失,不再是争一日之长

1

短,而此刻他的心中便会有一粒微笑的种子发了芽。佛家云:"不悟即佛是众生,一念悟时众生是佛。"

面对周围的喝彩,我还以微笑。这微笑更是提醒自己,一切都会过去。"三十功名尘与土,八千里路云和月。"人生的态度最难就是看淡眼前的虚华,把思想放飞,却脚踏实地前行。

学会微笑,并不只是为保持淑女的仪表,而是发自对生活的理解与感悟。留一个微笑给伤痛,伤痛便会悄然地溜走,因为在你的心中没有太阳照不到的角落。留一个微笑给邪恶,你会看到邪恶在颤抖,因为它们最恐惧的正是面对真理的笑容。留一个微笑给善良,它们会发扬光大。留一个微笑给弱者,他会在温暖中成长……

我要用微笑去点缀今天,用歌声去照亮黑夜。不用再苦苦寻觅快乐,祈求光阴的怜悯,而是含着微笑走过四季,再将它们贮藏成幸福的美酒,享受一生。

我相信,当所有的热情、激情、豪情都如炉膛中的炭火一样慢慢冷却时,我们才会发现自己所追求的梦想多少都存在着盲目和不切实际,并在一次次的失败与反思中被痛苦地放弃了。如果命运只允许我平凡,那么好吧,我会欣然接受,微笑着继续。

也许此刻你正沐浴着幸福或是遭受着不幸,是享有快乐与健康,还是独受悲伤与病痛,请记住:一切都会过去。

做一条林间的小溪,悠然而新鲜地流过树根,穿过草地。欢喜地看小草高高长,花儿默默红,一切在微笑着继续。

多留些快乐给自己

这个世界上没有谁会永远活着，长生不老，也没有什么东西可以一直存在。明白了这一点，就让自己尽量快乐吧。

用鲜花编成的花环终有一天会枯萎凋谢，会失去往日的色泽和芬芳，会走到生命的终点，可是编花环的人不应该为此而久久不能释怀。

不要在收获的季节里等待了，我们赶快去采摘田野上的花朵吧，否则那些盛开的花朵会被大风吹得四散零落，淹没在尘埃里。不要再在恋爱的季节里徘徊了，赶快去向我们心爱的姑娘表露心迹吧，爱情的滋润使我们的双眼炯炯有神，使我们的身上迸发出朝气和活力。

如果你明白了这一点，那就尽量让自己快乐吧。

时间就这样一路飞驰而过，它不会等我。我一个人呆呆地站着，拼命挥舞双手却始终什么也没有抓住。我多想完完全全地把握一样东西，或者把它永久地珍藏在心底，或者干脆把它抛开。一分一秒，我的梦想藏在裙子的每一个口袋，时间就这样流逝，

3

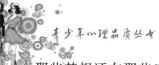

那些梦想还在那些口袋里。

我们的生命是短暂的,因为它只给我几个快乐的日子,如果让一个人的生命里只充满辛苦的工作和劳动的话,那生命倒是变得无穷冗长了。

如果你明白了这一点的话,那么就让自己尽量地快乐起来吧。

假如我们的生命里充满了美好的事物,那我相信生活就一定会是幸福的,因为美的东西同我们的生命一样,它们踏着相同的节拍一起翩翩起舞。假如我们的头脑里充满智慧,那我们的生命一定是宝贵的,因为我们总是没有足够的时间来补充、丰富自己的知识。

可是这一切又怎能在平凡的人世间一一得到兑现?永恒的完美与完善应该是神光普照的神圣天堂才能够得到的吧。我们在尘世间幻想的永恒或许只有等到我们有一天回归到极乐世界才能真正看见吧。

如果你明白这一点的话,那么就让自己尽量快乐起来吧!

快乐理论

"永远快乐"这句话,不但渺茫得不能实现,并且荒谬得不能成立。快乐决不会永远,我们说永远快乐,正好像说四方的圆形,静止的动作同样自相矛盾。在高兴的时候,我们空对瞬息即逝的时间喊着说:"逗留一会儿吧!你太美了!"那有什么用?你要永久,你该向痛苦里去找。不讲别的,只要一个失眠的晚上,或者有约不来的下午,或者一课沉闷的听讲,比一切宗教信仰更有效力,能使你尝到什么叫做"永生"的滋味。人生的刺,就在这里,留恋着不肯快走的,偏是你所不留恋的东西。

快乐在人生里,好比引诱小孩子吃药的方糖,更像跑狗场里引诱狗赛跑的电兔子。几分钟或者几天的快乐赚我们活了一世,忍受着许多痛苦。我们希望它来,希望它留,希望它再来——这三句话概括了整个人类努力的历史。在我们追求和等候的时候,生命又不知不觉地偷度过去。也许我们只是时间消费的筹码,活了一世不过是为那一世的岁月充当殉葬品,根本不会想到快乐。但是我们到死也不明白是上了当,我们还想死后有个天堂,在那

5

里感谢上帝，也有这一天，我们终于享受到永远的快乐。你看，快乐的引诱，使我们忍受了人生，而且仿佛钓钩上的鱼饵，竟使我们甘心去死。这样说来，人生虽痛苦，却不悲观，因为它总抱着快乐的希望。为了快活，我们甚至于愿意慢死。

穆勒曾把"痛苦的苏格拉底"和"快乐的猪"比较。假使猪真知道快活，那么猪和苏格拉底也相去无几了。猪是否能快乐得像人，我们不知道，但是人会容易满足得像猪，我们是常看见的。把快乐分肉体的和精神的两种，这是最糊涂的分析。一切快乐的享受都属于精神的，尽管快乐的原因是肉体上的物质刺激。小孩子初生下来，吃饱了奶就乖乖地睡，并不知道什么是快活，虽然它身体感觉舒服。缘故是小孩子的精神和肉体还没有分化，只是混沌的星云状态。洗一个澡，看一朵花，吃一顿饭，假使你觉得快活，并非全因为澡洗得干净，花开得好，或者菜合你口味，主要因为你心上没有挂碍，轻松的灵魂可以专注肉体的感觉，要是你精神不痛快，像将离别时的宴席，随它怎样烹调得好，吃来只是土气息，泥滋味。那时刻的灵魂，仿佛害病的眼怕见阳光，撕去皮的伤口怕接触空气，虽然空气和阳光都是好东西。快乐时的你一定心无愧疚。假如你犯罪而真觉快乐，你那时候一定和有道德、有修养的人同样心安理得，有最洁白的良心，跟全没有良心或有最漆黑的良心，效果是相等的。

发现了快乐由精神来决定，人类文化又进一步。发现这个道理和发现是非善恶取决于公理而不取决于暴力一样重要。公理发现以后，从此世界上没有可被武力完全屈服的人。发现了精神是一切快乐的根据，从此痛苦失掉它们的可怕，肉体减少了专制。精神的炼金术能使肉体痛苦都变成快乐的资料。于是,烧了房子,有庆贺的人;一箪食,一瓢饮,有不改其乐的人;千灾百毒,有谈笑自若的人。所以我们前面说,人生虽不快乐,而仍能乐观。譬如从写《先知书》的所罗门直到做《海风》诗的马拉梅,都觉得文明人的痛苦是身体困倦。但是偏有人能苦中作乐,从病痛里滤出快活来,让健康的消失有种赔偿。苏东坡在诗中就说:"因病得闲殊不恶,安心是药更无方。"王丹麓《今世说》也记毛稚黄善病,人以为忧,毛曰:"病味亦佳,第不堪为躁热人道耳!"在看重体育的西洋,我们也可以找着同样达观的人。多病的诺凡利斯在《碎金集》里建立一种病的哲学,说病是"教人学会休息的女教师"。罗登巴煦的诗集《禁锢的生活》里有专咏病味的一卷,说病是"灵魂的洗涤"。身体结实、喜欢活动的人采用了这个观点,就对病痛也感到另有风味。顽健粗壮的18世纪德国诗人白洛柯斯第一次害病,觉得是一个"可惊异的大发现"。对于这种人,人生还有什么威胁? 这种快乐,把忍受变为享受,是精神对于物质的最大胜利。灵魂可以自主,同时也许是自欺,能一贯抱这种态度的人,当然是大哲学家,但是谁知道他不也是个大傻子?

　　是的,这有点矛盾。矛盾是智慧的代价,这是人生对于人生观开的玩笑。

把笑脸带回家

3年前的一天,我考高中,分数不够,要交8000元择校费。正在发愁时,父亲回家笑着对母亲说他下岗了。母亲听了就哭了,我跑过来问怎么了,母亲哭着说爸爸下岗了。父亲傻乎乎地笑个不停。我气愤地说:"你还能笑得出来,高中我不上了!"

母亲哭得更凶了,说:"不上学,你爸就是没有文化才下岗的。"我说:"没有文化的人多的是,怎么就他下岗,无能!"

父亲失去工作的第二天就去找工作。他骑着一辆破自行车,每天早晨出发,晚上回来,进门笑嘻嘻的。母亲问他怎么样,他笑着说差不多了。母亲说:"天天都说差不多了,行就行,不行就重找。"父亲道:"人家要研究研究嘛。"一天,父亲进门笑着说研究好了,明天就上班。第二天,父亲穿了一身破衣服走了,晚上回来蓬头垢面,浑身都是泥浆。我一看父亲的样子,端着碗离开了饭桌。父亲笑了笑说:"这孩子!"第二天,父亲回家时穿得干干净净,脏衣服夹在自行车后面。

两个月下来,工程完了,工程队解散了,父亲又骑个自行车早出晚归找工作,每天早晨准时出发。我指着父亲的背影对母亲说:"他现在的工作就是找工作,你看他忙乎的。"

母亲叹道:"你爸爸是个好人,可惜他太无能了,连找工作都这么认真负责,还能下岗,难道真的是人背不能怪社会?"

一天,父亲骑着一辆旧三轮车回来,说是要当老板,给自己打工。我对母亲说:"就他这样的,还当老板?"我对父亲的蔑视发展到了仇恨,因为父亲整天骑着他的破三轮车拉着货,像个猴子一样到处跑。我们小区里回荡着他的身影,他还经常去我的学校送货,让我很是难堪。在路上碰见骑三轮车的父亲,他就冲我笑一下,我装作没有看见也不理他。

有一次我在上学路上捡到一块老式手表,手表的链子断了,我觉得有点熟悉。放学路上,我看见父亲车骑得很慢,低着头找东西,这一次父亲从我面前走过却没有看见我。中午父亲没有回家吃饭,下午上学时我又看见父亲在路上寻找。晚上父亲笑嘻嘻地进门,母亲问中午怎么没有回家吃饭。父亲说有一批货等着送。我看了父亲一眼,对他突然产生了一种从没有过的同情。后来才知道,那块表是母亲送给父亲的唯一礼物。

有一天,我在放学路上看见前面围了好多人,上前一看,是父亲的三轮车翻了,车上的电冰箱摔坏了,父亲一手摸着电冰箱一手抹眼泪。我从没有见父亲哭过,看到父亲悲伤的样子,慌忙往家跑。等我带着母亲来到出事地点时,父亲已经不在了。晚上父亲进门笑嘻嘻的,像什么事也没发生一样。母亲问:"伤着哪没有?"父亲说:"什么伤着哪没有?"母亲说:"别装了!"父亲忙笑嘻嘻地说:"没事,没事!处理好了,吃饭。"第二天一早,父亲又骑着

9

三轮车走了。母亲说:"孩子,你爸爸虽然没本事,可他心好,要尊敬你爸爸。"我点了点头,第一次觉得父亲是那么可敬。

我和爸爸不讲话已经成了习惯,要改变很难,好多次想和他说话,就是张不开口。父亲倒不在乎我理不理他,他每天都在外面奔波。我暗暗下决心一定要考上大学,报答父亲。每当学习遇到困难或者夜里困了,我就想起父亲进门时那张笑嘻嘻的脸。

离开家上大学的那一天,别人家的孩子都是"打的"或有专车送到火车站,我和母亲则坐着父亲的三轮车去。父亲就是用这辆三轮车,挣够了我上大学的费用。

当时我真想让我的同学看到我坐在父亲的三轮车上,我要骄傲地告诉他们这就是我的父亲。

父亲把我送上火车,放好行李。火车就要开了,告别时我再也忍不住了,终于大声喊道:"爸爸!"除了大声地哭,我一句话也说不出来。父亲笑嘻嘻地说:"这孩子,哭什么!"

重视自己

当我说出"我很重要"这句话的时候,颈项后面掠过一阵战栗。我知道这是把自己的额头裸露在弓箭之下了,心灵极容易被别人的批判洞伤。许多年来,没有人敢在光天化日之下表示自己"很重要"。我们从小受到的教育都是——"我不重要"。

作为一名普通士兵,与辉煌的胜利相比,我不重要。

作为一个单薄的个体,与浑厚的集体相比,我不重要。

作为一位奉献型的女性,与整个家庭相比,我不重要。

作为随处可见的人的一分子,与宝贵的物质相比,我们不重要。

简明扼要地说,就是每一个单独的"我"——到底重要还是不重要?

只要计算一下我们一生吃进去多少谷物,饮下了多少清水,才凝聚成一具美轮美奂的躯体,我们一定会为那数字的庞大而惊讶。平日里,我们尚要珍惜一粒米、一叶菜,难道可以对亿万粒菽粟、亿万滴甘露濡养出的万物之灵,掉以丝毫的轻心吗?

当我在博物馆里看到北京猿人窄小的额和前凸的嘴时，我为人类原始时期的粗糙而黯然。他们精心打制出的石器，用今天的目光看来不过是极简单的玩具。如今很幼小的孩童，就能熟练地操纵语言，我们才意识到已经在进化之路上前进了多远。我们的头颅就是一部历史，无数祖先进步的痕迹储存于脑海深处。我们是一株亿万年苍老树干上最新萌发的绿叶，不单属于自身，更属于土地。人类的精神之火，是连绵不断的链条，作为精致的一环，我们否认了自身的重要，就是推卸了一种神圣的承诺。

回溯我们诞生的过程，两组生命基因的嵌合，更是充满了人所不能把握的偶然性。我们每一个个体，都是机遇的产物。

一种令人怅然以至走入恐惧的想象，像雾霭一般不可避免地缓缓升起，模糊了我们的来路和去处，令人不得不断然打住思绪。

我们的生命，端坐于概率垒就的金字塔的顶端。面对大自然的鬼斧神工，我们还有权利和资格说我不重要吗？

对于我们的父母，我们永远是不可重复的独本。无论他们有多少儿女，我们都是独特的一个。

假如我不存在了，他们就空留一份慈爱，在风中蛛丝般飘荡。

假如我生了病，他们的心就会皱缩成石块，无数次向上苍祈祷我的康复，甚至愿灾痛以十倍的烈度降临于他们自身，以换取我的平安。

我的每一次成功，都如同经过放大镜，进入他们的瞳孔，摄入他们心底。

假如我们先他们而去,他们的白发会从日出垂到日暮,他们的泪水会使太平洋为之涨潮。面对这无法承载的亲情,我们还敢说我不重要吗?

我们的记忆,同自己的伴侣紧密地缠绕在一处,像两种混淆于一碟的颜色,已无法分开。你原先是黄,我原先是蓝,我们共同的颜色是绿,绿得生机勃勃,绿得苍翠欲滴。失去了妻子的男人,胸口就缺少了生死攸关的肋骨,心房裸露着,随着每一阵轻风滴血。失去了丈夫的女人,就是齐斩斩折断的琴弦,每一根都在雨夜长久地自鸣……面对相濡以沫的同道,我们忍心说我不重要吗?

俯对我们的孩童,我们是至高至尊的唯一。我们是他们最初的宇宙,我们是深不可测的海洋。假如我们隐去,孩子就永失淳厚无双的血缘之爱,天倾东南,地陷西北,万劫不复。盘子破裂可以粘起,童年碎了,永不复原。伤口流血了,没有母亲的手为他包扎。面临抉择,没有父亲的智慧为他谋略……面对后代,我们有胆量说我不重要吗?

与朋友相处,多年的相知,使我们仅凭一个微蹙的眉尖、一次睫毛的抖动,就可以明了对方的心情。假如我不在了,就像计算机丢失了一份不曾复制的文件,他的记忆库里留下不可填补的黑洞。夜深人静时,手指在揿了几个电话键码后,骤然停住,那一串数字再也用不着默诵了。逢年过节时,她写下一沓沓的贺卡。轮到我的地址时,她闭上眼睛……许久之后,她将一张没有地址只有姓名的贺卡填好,在无人的风口将它焚化。

相交多年的密友，就如同沙漠中的古陶，摔碎一件就少一件，再也找不到一模一样的成品。面对这般友情，我们还好意思说我不重要吗？

我很重要。

对于我的工作我的事业，我是不可或缺的主宰。我独出心裁的创意，像鸽群一般在天空翱翔，只有我才捉得住它们的羽毛。我的设想像珍珠一般散落在海滩上，等待着我把它用金线串起。我的意志向前延伸，直到地平线消失的远方……没有人能替代我，就像我不能替代别人。

我很重要。

我对自己小声说。我还不习惯嘹亮地宣布这一主张，我们在不重要中生活得太久了。

我很重要。

我重复了一遍，声音放大了一点。我听到自己的心脏在这种呼唤中猛烈地跳动。

我很重要。

我终于大声地对世界这样宣布。片刻之后，我听到山岳和江海传来回声。

是的，我很重要。我们每一个人都应该有勇气这样说。我们的地位可能很卑微，我们的身份可能很渺小，但这丝毫不意味着我们不重要。

重要并不是伟大的同义词，它是心灵对生命的允诺。

人们常常从成就事业的角度，断定我们是否重要。但我要说，只要我们在时刻努力着，为光明在奋斗着，我们就是无比重要地生活着。

　　让我们昂起头，对着我们这颗美丽的星球上无数的生灵，响亮地宣布——我很重要。

舍 与 得

有了这个题目,缘于远方战友的一封来信,他在信中诉说了自己的不幸遭遇,自己努力拼搏,可高考落榜、提干无望、爱情失意……不知道自己辛辛苦苦这些年,到底得到了什么,弄得自己心沉谷底,痛苦不堪,甚至心力交瘁。信的最后说:命运为何对我如此不公平,努力者两手空空,清闲者坐享其成,罢罢罢,真不如古佛青灯,了此一生!

看到这里,我不由想起高中时我的两个同学,他们是一对恋人。他的学习成绩很好,但家境贫困,她学习一般,但家庭殷实。她为了支持他的学业,倾其所有,为他缴纳书钱学费以及吃花住用。他对她感激涕零,信誓旦旦,山盟海誓。她则把所有的希望都寄托在他身上。

在她的支持下,老天不负有心人,他终于如愿以偿了,考上了北京名牌大学。他们拥抱着大笑,笑出了激动的泪花。而她却名落孙山,只能走向社会,只想早点有一份安稳的工作。

就在那个男孩踏上高校门槛的第二年,毫不留情的飞来一

16

封措辞极其委婉的绝交信。她欲哭无泪,精神防线几乎被击垮,她怎么也想象不出人为何如此善变,爱情为何成为一种欺骗,感情在世俗面前又为何如此苍白无力,不堪一击!但痛定思痛,她终于坚强地挺了过来。

几年前,她嫁给了一个教师,生活也颇美满。我在想她失去的太多,也看到了人生残酷的一面。她付出了希望,得到的却是失望,但也能使自己更加成熟,冷眼看待人生。而那个男孩呢?他得到的同时,不也失去了人性,失去了真情,失去了人生最难能可贵的精神吗?

红尘之中,一个人的一生转瞬即逝,黑发和白首之间十分短暂。也许我们付出了,但却没有一点回报,我们依然要珍惜自己付出的每一片真情。无欲则刚,人生的道路不是七彩的霓虹,只能看你怎样去理解,去诠释。

我的表哥是一个失去左臂的中年人,他自幼就喜欢书法,无论春秋冬夏,都会坚持苦练。虽然曾在杂志报刊上得到过不少奖励,但至今仍然家贫如洗,孑身一人,苦度生涯……几天前我见到他,他的笑脸依然灿烂,他说:"我不知道在我前方的路到底是什么,它已不容我选择。"

"人活着只是为一种信念,无论成功与否,我都要把萤火的渺茫看成一生的希望,并且为此付出残生……"

表哥的话使我感动而且汗颜。回头看看自己的脚印,或深或浅,歪歪斜斜一路走来,却没有给自己留下太多美好的记忆!

浪费了不少时光,堕落了自己的精神。早上起来照照镜子,仿佛不认识自己,一个面具罩在脸上,亲戚朋友甚至家人才能相识。我已经不能脱掉这张令我厌恶的面具,虚假的微笑,言不由衷的话语。

我不知道自己失去了什么又得到了什么?在人生这个大舞台上,自己又扮演了一个怎样的角色?

说了这些,我不知道我的战友是否明白,人生的道路无法选择,我们只有努力的权利。

不要乞求命运会给我们什么,得到的同时一定会有失去,阴雨之后才有彩虹,痛苦和希望往往是孪生姐妹,失败和成功也往往只有一步之遥。只要我们无愧于心,自己便是最美最瑰丽的生命!

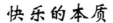
快乐的本质

生活中,我们往往见到有人乐观,有人悲观。为何会这样?其实,世界并没有什么不同,只是个人内在的处世态度不同罢了。

最能说明这个问题的,是我在一家卖甜甜圈的商店门前见到的一块招牌,上面写着:"乐观者和悲观者的差别十分微妙:乐观者看到的是甜甜圈,而悲观者看到的则是甜甜圈中间的小小空洞。"这个短短的幽默句子,透露了快乐的本质。事实上,人们眼睛见到的,往往并非事物的全貌,只看见自己想寻求的东西。乐观者和悲观者各自寻求的东西不同,因而对同样的事物,就采取了两种不同的态度。

有一天,我站在一间珠宝店的柜台前,把一个放着几本书的包裹放在旁边。当一个衣着讲究、仪表堂堂的男子进来,也开始在柜台前看珠宝时,我礼貌地将我的包裹移开,但这个人却愤怒地看着我。他说他是个正直的人,绝对无意偷我的包裹。他觉得受到了侮辱,重重地将门关上,走出了珠宝店。我感到十分惊讶,这样一个无心的动作,竟会引起他如此的愤怒。后来,我领悟到,

19

这个人和我仿佛生活在两个不同的世界，但事实上世界是一样的，所差别的是我和他对事物的看法相反而已。

几天后的一个早晨，我一醒来便心情不佳，想到这一天又要在单调的例行工作中度过，便觉得这个世界是多么枯燥、乏味。当我挤在密密麻麻的车阵中，缓慢地向市中心前进时，我满腔怨气地想：为什么有那么多的笨蛋也能拿到驾驶执照？他们开车不是太快就是太慢，根本没几个能在高峰时间开车，这些人的驾驶执照都该吊销。后来，我和一辆大型卡车同时到达一个交叉路口，我心想："这家伙开的是大车，他一定会直冲过去。"但就在这时，卡车司机将头伸出车窗外，向我招招手，给我一个开朗、愉快的微笑。当我将车子驶离交叉路口时，我的愤怒突然完全消失，心胸豁然开朗起来。

这位卡车司机的行为使我仿佛置身于另一个世界。但事实上，这个世界依旧，所不同的只是我们的态度。每个人在生活中都会有类似的小插曲，这些小插曲正是我们追求快乐的最佳方式。要活得快乐，就必须先改变自己的态度。我想，这就是快乐的真谛吧！

为自己而活

　　人活在这个世界上，应该努力实现自我价值，不要为了他人而活。如果你追求的幸福是处处参照他人的模式，那么你的一生都将会悲惨地活在他人的价值观里。

　　人们往往都有这样一种心理，希望给自己所遇到的每一个人都留下好印象。因此，为了达到这一目的，我们总是事事都要争取做得最好，时时都要显得比别人高明。在这种心理的驱使下，人们往往把自己推到一个永不停歇的痛苦的人生轨道上。事实上，人活在这个世界上，并不是一定要压倒他人，也不是为了他人而活。人活在世界上，所追求的应当是自我价值的实现以及对自我的珍惜。不过，一个人能否实现自我价值并不在于你比他人优秀多少，而在于你在精神上能否得到幸福的满足。只要你能够得到他人所没有的幸福，那么，即使你表现得不够高明也没有什么。

　　有时候过于看重别人对自己的看法，仿佛自身的一举一动都被他人关注，所以谨言慎行，这样的情形或许在生活中并不少见。过于在意自己在别人眼中的印象会成为交流中的一大障碍，久而久之就会变成一种极大的压力，压得自己无法喘息。

有一个人上进心很强，一心一意想升官发财，可是从年轻熬到年老，却还只是个基层办事员。这个人为此极不快乐，感觉自己活得很失败，每次想起来就掉泪，有一天竟然号啕大哭起来。

一位新同事刚来办公室工作，觉得很奇怪，便问他到底因为什么难过。他说："我怎么能不难过呢？年轻的时候，我的上司爱好文学，我便学着做诗、写文章，想不到刚觉得有点小成绩了，却又换了一位爱好科学的上司。我赶紧又改学数学、研究物理，不料上司嫌我学历太浅，不够老成，还是不重用我。后来换了现在这位上司，我自认文武兼备，人也老成了，谁知上司喜欢青年才俊，我⋯⋯我眼看年龄渐高，就要被迫退休了，还一事无成，怎么可能不难过呢？"

活着应该是为充实自己，而不是为了迎合别人。没有自我的人，总是考虑别人的看法，这是在为别人而活，所以活得很累。

获得幸福的最有效的方式就是不为别人而活，就是避免去追逐它，就是不向每个人去要求它。通过和你自己紧紧相连，通过把你积极的自我形象当做你的顾问，你就能得到更多的认可，获得更多的幸福。

有这样一则寓言：一只大狗看到一只小狗在追逐它自己的尾巴，于是问："你为什么要追逐你自己的尾巴呢？"小狗回答说："我了解到，对一只狗来说，最好的东西便是幸福，而幸福就是我的尾巴。因此，我追逐我的尾巴，一旦我追逐到了它，我就会拥有幸福。"大狗说："我的孩子，我曾经也注意到宇宙的这些问题，也曾经认为幸福在尾巴上。但是，我注意到，无论我什么时候去追逐，它总是逃离我，但当我从事我的事业时，无论我去哪里，它似乎都会跟在我后面。"

事实上，你不可能让每个人都同意或认可你所做的每一件事。但是，一旦你认为自己有价值，值得重视，那即使没有得到他人的认可，你也绝不会感到沮丧。如果你把不赞成视作是每个人不可避免地都会遇到的非常自然的结果，那么你的幸福就会永远是自己。因为，在我们的生活中，人们的认知都是独立的，人人都应该为自己而活。

掌握幸福

人生是美好而又短暂的,在这个奇妙的旅程中,仁慈的上帝以最公平的爱心来善待他的子民,他让每一个人都是空着双手来,又空着双手离开。但是伟大的上帝并不能保证每一个都能像他希望的那样,快乐地过好每一天,幸福地过好这一生。

其实,幸福还是不幸福,完全是自己的事情,在这一点上,上帝是无法主宰的。面对生活的不如意,我们总是抱怨环境,抱怨命运,可是我们却忘记,真正决定我们生活的是我们自己。当不幸来临时,我们不应只等着命运的宣判,而是要学会与命运抗衡,只有这样,才能为自己争取到更多的幸福。

我们每个人的手里都掌握着自己快乐和幸福的生杀大权。所以说,主宰幸福的不是命运,而是你自己,怎样选择完全在于一个观念,一个思路,一种态度。很多事情我们无法改变,但是怎样选择对待人生的态度,完全决定了你的幸福指数。

虽然我们无法选择自己的出身、父母和家庭,可是我们可以选择自己以后要走的道路、生活的环境以及生活的方式。命运不是一成不变的，只要你敢于向命运挑战，敢于寻找命运的突破口，你就可以改写自己的命运，获得幸福。

伊尔·丰拉格是美国历史上第一位获得新闻界最高奖——普利策奖的黑人记者，是美国黑人的骄傲。

但是，丰拉格小时候曾经非常厌恶自己的出身。他因为自己的肤色而自卑孤僻，甚至绝望地认为自己将来不会有任何出息。

丰拉格的父亲是个走南闯北、见多识广的水手，他看透了儿子的心事，便带他拜访了许多名人的故居。

他们去荷兰参观了凡·高的故居。在看过那张小床及裂了口的皮鞋之后，儿子困惑地问父亲："凡·高不是位百万富翁吗？"

父亲答道："凡·高是位连妻子都没娶上的穷人。"

后来，他们又去丹麦参观了安徒生的故居。儿子又困惑地问父亲："安徒生不是生活在皇宫里吗？"

父亲答道："安徒生是位鞋匠的儿子，就生活在这栋简陋的阁楼里。"

听了父亲的介绍，儿子若有所思。父亲用厚实有力的大手抚摸着儿子的头说："孩子，你看，上帝并没有看轻卑微，伟人原来也不过是一介草民。"

在父亲潜移默化的教育下，丰拉格彻底改变了，不但对自己的未来充满了自信，而且对大千世界产生了浓厚的兴趣。他立志要成为一名记者，走遍全世界。

从此，丰拉格开始为理想不懈地奋斗。大学毕业后，他如愿以偿地成为一名新闻记者。但是风无常顺，兵无常胜，他也遭到了白人的排挤。有一次，一个白人记者公然将丰拉格辛苦了一个多月的采访稿件据为己有。丰拉格当时很气愤,找到主编,希望能讨个公道。但事与愿违,主编竟然偏袒那个白人,根本不相信他的申辩。

这件事使丰拉格再次看清了社会的现实和人生的坎坷,但是他仍然坚信自己的未来。他不辞辛苦,深入各种险境,获取第一手新闻资料。最终,他凭借独特的新闻视角和理念获得了美国新闻界最高奖——普利策奖,开创了黑人获此奖项的先河。

在颁奖仪式上,丰拉格激动地说:"感谢上帝!上帝并没有看轻卑微,而是将高贵的灵魂赋予每个人的肉体,无论是出身高贵的肉体,还是出身卑微的肉体。感谢父亲!是他给了我自信和新生。我的经历使我确信,凭借坚定的信念和艰苦的努力,黑人可以做成任何事情。每个人都是自己命运的设计师。"

莎士比亚曾说:"假使我们自己将自己比作泥土,那就真要成为别人践踏的东西了。"世上没有绝对幸福的人,只有不肯快乐的心。只要你保持一颗快乐的心,谁也阻止不了你因此而获得的幸福。

生活有美丽的阳光,也有阳光下的阴暗。当我们以灿烂的心态面对阳光时,一切都变得阳光灿烂了。当我们以灰色的心态面对阴暗时,一切都变得灰色阴暗了。

常让自己感动自己

善良是爱开出的花

加里宁在谈到做人的品质时说："第一是善良的情感。"善良是一种美德，哪怕是一点小小的善行，都足以让我们骄傲。善良是一切美好品德的基础，是一个人美好心灵的一种表现。

哲人说，善良是爱开出的花。善良是心地纯洁、没有恶意，是看到别人需要帮助时毫不犹豫地伸出自己的援助之手。

对于高尚的人来说，他们的品性中蕴藏着一种最柔软、但同时又最有力量的情愫——善良。

善良可以拯救正在堕落甚至腐烂的躯体，善良可以挽救正在沉沦甚至濒临死亡的灵魂。可以说，拥有善良是可敬的，得到善良是幸运的。

我们所感受到的善良，有时像天使背部一片洁白轻柔的羽毛，让人感觉到温暖，让人感觉到希望；有时又像大力神赫拉克勒斯宽阔厚实的胸膛，让人感到无比的振奋，让人感到无限的力量。

在一个小山村里，史蒂芬太太和先生及两个孩子一起快乐

27

地生活着。史蒂芬常年外出打工，只剩史蒂芬太太和孩子们相依为命。这年圣诞节，史蒂芬从外地为大家带回来两条活泼可爱的金鱼和一个有着水草和石头的鱼缸。史蒂芬太太细心地照料着两只金鱼，她给它们取了一个美丽的名字，叫波妞姐妹。

不久，战争爆发了。史蒂芬离开了家，离开了孩子们，也离开了波妞姐妹，去了前线。战火纷飞的年月，要想活着回来是多么艰难的一件事情，史蒂芬在这场战役中失去了生命。因此，史蒂芬太太失去了心爱的丈夫，孩子们失去了爸爸，波妞姐妹也失去了带他们回家的人。乱世让史蒂芬太太同时也失去了家园，她不得不带着孩子们离开家乡，走上逃难的道路。

仓促逃难的时候，史蒂芬太太仍没忘记波妞姐妹，那是丈夫带给自己的爱意，更是活生生的生命。在史蒂芬太太眼里，波妞姐妹也是鲜活的生命。所以，临走之际，史蒂芬太太想了想，既然不能带它们一起上路，那就放波妞姐妹回到湖泊里去，这样他们兴许还有生还的机会。于是，史蒂芬太太捧着金鱼缸，小心翼翼地将波妞姐妹放进了蓝幽幽的湖水里。

战火平息数年后，史蒂芬太太带着孩子们结束了流离的生活，重新回到昔日的家乡。一片废墟的村庄，放眼望去，满眼荒凉。史蒂芬太太和孩子们心情万分悲伤，好不容易才在废墟里找到以前居住的地方。

就在这时，孩子们突然叫了起来："妈妈，你看，那是波妞姐妹！"

史蒂芬太太顺着儿子们手指的方向看过去，就在那片湖泊中，泛起了点点的金光，仔细看过去，那是像波妞姐妹一样的金鱼带着一群群可爱美丽的金鱼雀跃着向史蒂芬太太和孩子们呼唤呢!

孩子们高兴极了,在废墟中找回波妞姐妹的金鱼缸。这是父亲当年送给他们的礼物,也是波妞姐妹的家。这是多么幸运和高兴的事情啊!

在每个人的心里,都会有一根善良的"弦",这根"弦"只有爱心才能拨动它。善良不是人们与生俱来的附属物,但却是能够在净化自我心灵的过程中得到升华的人格成分。

美国著名盲人女作家海伦·凯勒曾经说:"任何人出于他的善心,说一句有益的话,发出一次愉快的笑,或者为别人铲平不平的道路,这样的人就会感到他的欢欣是他自身极其亲密的部分,以至使他终身追求这种欢欣。"只要我们自己本身是善良的,我们的心情就会像天空一样清爽,像山泉一样清纯!

地中海岸边有个老铁匠,为人十分诚实。他说过的话没有一句虚假,他许下的诺言也从来没有不兑现的。他打造铁器的时候完全按照买主的要求,从不偷工减料。有时买主没有什么特殊要求,他也会把铁器打造得又好又结实。特别是他打造的铁链,比任何一家都结实。有人说他太老实,但他不管这些,工作起来总是一丝不苟。

有一次,老铁匠打造了一条巨链,打好后运去装在一艘大海船的甲板上,做了主锚的铁链。然而,这艘航行远洋的巨轮多少年都没有机会用上它。

直到有一天晚上,海上风暴骤起,风高浪急,随时有可能把船冲到礁石上撞个粉碎。船上其他铁锚都放下去了,然而一点都

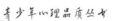

不管事，那些铁锚就像是纸做的，经不住风浪，全都断开了，最后船长下令把主锚抛下海去。

这条巨链，第一次从船上滑到海里，全船的人都紧张地望着它，不知道这条铁链能否经得住风浪。全船1000多名乘客的安危都系在这条铁链上了。要是那位老铁匠在打造这条铁链时稍微有些马虎，只要在铁链的千百个铁环中，有任何一个出现问题，船就有在大海里沉没的危险。

但是，这条铁链经受住了风浪的考验，船保住了，一直到风浪过去，黎明来临。

这艘大海船的目的地正是老铁匠所在的海港，逃脱大难的船长亲自到老铁匠处表示谢意。

听完了船长感谢的话语后，老铁匠很平静地说："我只是本着良心，尽力做好分内的事。"

善良是一种发自内心的本能，它不需要你用条条框框去给它标榜，有多么伟大，多么崇高，它仅仅是人们心中那朵最美的力量之花。当我们怀着一颗真诚之心善待身边的每个人时，我们收获的也是真诚与善良，当然，还会有无限的幸福。

改变心态，远离抱怨

在我们的生活中，总能听到这样或那样的抱怨：被领导批评了、工作压力大了、物价又涨了……只要生活在这世上，总有抱怨不完的事，每个人都在疑惑怎么有太多的不如意发生在自己的身上？怎么别人的路总是比自己平坦？生活太不公平了！

不过，当一个人不断地把抱怨和指责的矛头对准别人时，反而很容易让人反感，产生负面效果，也容易丧失别人对他的信任。

王磊是北京一所名牌大学的毕业生，能说会道，各方面的表现都不同凡响。他在一家私营企业工作两年了，虽然业绩很好，为公司立下了汗马功劳，可就是得不到老板的提升。

王磊心里有些不舒畅，常常感叹老板没有眼力。

一日，和同事喝酒时，王磊发起了感慨："我自到公司以来，努力工作，试图在事业上有所成就，我为公司建立了那么多的客户，业绩也很不错。虽然兢兢业业，成就人所共知，但是却没人重视，无人欣赏。"

世上没有不透风的墙，本来老板准备提升王磊为业务部经理，得知王磊之言，心里着实有些不是滋味，后来放弃了提升他。

王磊之所以得不到老板的提升，就在于他不了解老板的心理，而只是一味地从自己的利益出发，抱怨没有识才的"伯乐"。

试想，作为一个老板，谁愿被人认为是不识人才的无能之辈呀？王磊这样说，无疑是在贬低老板没有能力。

王磊因为抱怨失去了自己晋升的机会，因此，不要轻易抱怨。如果你也如此，还是赶快停止你的抱怨吧，让烦躁的心情平静下来。

遇到问题时，要先从不抱怨做起，冷静地分析问题。因为抱怨永远解决不了问题，只会把事情弄得更糟。

有一位女士，年轻时喜好文学，但除了在一家电台做过一段时间的实习编辑外，从未有机会从事与文学有关的工作。多年来，她的工作和生活一直很不顺利，因为她不知道怎样将工作和婚姻维持得更长一点。她换过无数个工作，也结过好几次婚，但都以失败告终。这使她对世界和人生充满了消极认识。

一次，她被介绍给一位职业作家当编辑。这位作家写了几个短篇小说，需要加工润色和纠正语法错误，每编辑一篇小说，薪酬为1000美元。女士很高兴，这是她喜欢的工作，价钱也有吸引力，而且作家为人随和，相处并不困难。

不料，完成一篇小说的编辑工作后，她发现自己"受骗"了。因为花了10天时间，努力到12分，才编完这篇稿子，报酬只有1000美元，显然吃亏了。她认为作家利用了她的无知，心里愤愤不平，于是向作家要求，按工作时间计算报酬。作家表示同意，答应每小时付给她25美元。

但是,当她编完第二篇小说,发现又上当了,所得报酬还不到1000美元。这是什么原因呢?她刚开始这项工作时,因为没有经验,走了不少弯路,速度自然缓慢,现在她已经驾轻就熟,30个小时就完成了第二篇,报酬却只有750美元而已!

她心里特别窝火,要求作家按原来的方式支付报酬。

不料,作家厌烦地说:"这是你自己要求的报酬方式,有什么不满意?如果你打算对一件事情不满意,别人是无法让你满意的。"

作家中止了她的工作,于是,她又一次失业了。

佛罗斯特有这样一段名言:"面对两条小路,可惜不能并行,而不同的路有不同的风景和与之带来的喜悦和痛苦。自然,走上不同的路,结果会有天壤之别,我们都面临过选择或正在面临选择。我们将如何对待选择所造成的天壤之别呢?会扼腕叹息吗?会深深痛悔吗?会恨不能重新站在十字路口上吗?"所以,不要抱怨生活,自己的路自己走,既然选择了就不要抱怨,与其抱怨,倒不如想想如何改变。

在漫长的人生旅途中,我们要承担着许许多多的义务和责任,由此也会衍生出无数的烦恼与忧愁,让人心生抱怨。抱怨是一种心病,是一种习惯,要想化解它,重要的是学会自我调节,维持心理平衡。其实,我们没有必要抱怨生活,幸福不是一个固定的模式,幸福是自己在生活中感悟出来的。生活中难免会遇到这样或那样的不如意,理性地对待自己的生活,保持一颗平常心才是生命的真谛。

把幸福送给他人，自己才会幸福

幸福是一种心灵状态，是一个对内在自我的肯定与满意。幸福在哪里？我们如何才能获得幸福？芸芸众生，茫茫人海，带着这些问题，我们在努力寻找答案。其实，幸福与不幸都是由我们自己掌控着。

想获得幸福的人应采取积极的心态，这样，幸福就会伴随在他们的身边。那些心态消极的人掌控不了幸福，所以他们只能生活在不幸之中。

有一首关于幸福的流行歌曲这样唱道："我想获得幸福，但是我只有使你幸福了，我才会得到幸福。"

寻找自己幸福的最可靠的方法，就是竭尽全力使别人幸福。幸福是一种难以捉摸的、瞬息万变的东西。如果你去追求它，就会发现它在逃避你，但是如果你努力把幸福送给别人，它就会来到你的身边。

作家克莱尔·琼斯的丈夫是美国中南部俄克拉荷马城大学宗教系的一位教授。琼斯谈到他们在结婚初期所经历的一种幸福:"在婚后的头两年中,我们住在一个小城市里,我们的邻居是一对年老的夫妇,妻子几乎瞎了,并且瘫在轮椅中。丈夫身体也不好,整天待在房子里照料着妻子。在圣诞节的前几天,我和丈夫情不自禁地决定装饰一棵圣诞树送给这两位老人。我们买了一棵小树,将它装饰好,带上一些小礼物,在圣诞前夜把它送过去了。老妇人感激地注视着圣诞树上耀眼的小灯,伤心地哭了。她的丈夫一再地说:'我们已经有许多年没有欣赏圣诞树了。'以后每当我们拜访他们,他们都要提到那棵圣诞树。这是我们为他们做的一件小事。但是,我们从这件小事中得到了幸福。"

琼斯夫妇用他们的友好获得了一种幸福,一种十分深厚而温暖的幸福,这种幸福将一直留在他们的记忆中。

你可能是幸福的、满足的,也可能是不幸的,但你有权力选择其中的一种,而决定因素是你采取积极的还是消极的心态去选择。

有这样一个小故事:很久以前,在威尼斯的一座高山顶上,住着一位年老的智者,至于他有多老,为什么会有那么多智慧,没有人知道,只是据说他能回答任何人的任何问题。

有两个调皮捣蛋的小男孩不以为然。有一天,他们打算去愚弄一下这个老人,于是就抓来了一只小鸟去找他。一个男孩把小鸟抓在手心,一脸诡笑地问老人:"都说你能回答任何人提出的任何问题,那么请您告诉我,这只鸟是活的还是死的?"

老人当然明白这个孩子的意图,便毫不迟疑地说:"孩子啊,如果我说这鸟是活的,你就会马上捏死它,如果我说它是死的呢,你就会放手让它飞走。你看,孩子,你的手掌握着生杀大权

啊!"

"你的手掌握着生杀大权",是的,我们每个人都应该记住这句话。我们每个人的手里都掌控着自己快乐和幸福的"生杀大权",主宰幸福的不是上帝,而是我们自己,怎样选择完全在于一个观念,一个思路,一种态度,一种选择。

世上没有绝对幸福的人,只有不快乐的心,而你是唯一可以掌握它方向的人。如果你把苦难和不幸分摊给别人,回报你的也只能是苦难和不幸。有这样一些人:他们总有烦恼,不论发生了什么事,他们都认为那些事是不称心如意的,这恰恰是因为他们总是把烦恼分摊给别人。

有许多孤独的人渴望爱情和友情,但是他们却得不到它们。有些人用消极的心态排斥他们所寻找的东西,还有一些人把自己关闭在狭小的天地里,始终不敢冲出去。他们只能幻想什么良好的东西会来到他们的身边。即使他们得到了这些东西,也绝不会把它们分给别人,他们不懂得如果你把你所拥有的良好而称心的一部分东西分给别人,你所获得的会更多。然而,也有一些孤独的人有勇气去做一些事,以克服他们的孤独,他们将良好和称心的东西分给别人的同时,也找到了克服孤独的答案。

人生是美好而短暂的。在这个奇妙的旅程中,仁慈的上帝以最公平的爱心来善待他的子民,他让每一个人都是空着双手来,又空着双手离开。所以,不要只看到或羡慕别人所拥有的,而看不到自己所拥有的,甚至抱怨自己没有,抱怨上帝不公,应该多想想你拥有的,这样你就会懂得知足常乐了。

简单快乐

世界上有两种花，一种花能结果，一种花不能结果，而不能结果的花却更加美丽，比如玫瑰、郁金香，它们从不因为不能结果而放弃绽放自身的快乐和美丽。人也像花一样，有一种人能结果，成就一番事业。而有一种人不能结果，一生没有什么建树，只是一个普通人而已。但只要心中有快乐，脸上有欢笑，照样可以像玫瑰和郁金香那样，得到人们的欣赏和喜爱。

心理学家M.N.加贝尔博士说："快乐纯粹是内在的，它不是由于客体，而是由于观念、思想和态度而产生的。不论环境如何，个人的生活能够发展和指导这些观念、思想和态度。"

你不一定非要回报他人而不拿自己的快乐当回事。如果你给别人快乐就意味着你一定不快乐，那么与其让你自己事后忍受巨大的痛苦，不如让别人现在就受一点痛苦。人们应该学会爱自己，让自己过得简单快乐。

忧愁是生活中常见的一种最消极且没有一点好处的情绪。忧愁只能让你精神萎靡，身体健康受损。

37

当你忧愁时，你会利用现在宝贵的时间，去担心自己的事，去担心别人的事。但担心归担心，对问题的解决却没有一点帮助。

烦恼会光顾那些烦躁不安、焦虑不已、总不满足的人们，这样，他们当然与所有的幸福无缘，心态也难以乐观豁达。有些人身上就好像长满了刺，没有人愿意接近他们。他们不能很好地控制自己的脾气，为一点小事就耿耿于怀、寸土不让，甚至最终引发暴力冲突。对他们来说，生活充满矛盾，幸福和快乐也最终会被担忧和恐怖代替。

理查德·夏普说："虽然只是些不值得一提的小问题，但这无形的烦恼却会带来很大的痛苦，就好比细细的一根头发就能破坏一部大型机器的正常运转一样，如果你想快乐，就不要让一些琐碎之事来影响自己的心情。要试着学会愉快地处理日常生活中的一些小麻烦，有意识地主动去寻找生活中的乐趣，时间久了，自然会拥有好心情。"

有一次，很多兔子聚集在一起为自己的胆小无能而难过，悲叹自己的生活中充满着的危险和恐惧——常常被人、狗、鹰等屠杀。

兔子们觉得与其这样一生胆战心惊，还不如一死了之。于是兔子们决定一起奔向池塘，投水自尽。当时，许多青蛙正围在池塘边蹲着，听到了那急促的跑步声后，纷纷跳下池塘。

有一只较聪明的兔子，见到青蛙都跳到水中，似乎明白了什么，忙说："朋友们，快停下，我们没有必要吓得去寻死了！你们看，这里还有些比我们更胆小的动物呢！"

常让自己感动自己

人们对于快乐的追求是永无止境的,但快乐就像一碗盐水,你喝得越多就越饥渴,所以聪明的人会懂得适可而止的道理。

田鼠与家鼠是好朋友,家鼠应田鼠之约,去乡下赴宴。

家鼠一边吃着大麦、谷子,一边对田鼠说:"朋友,你过的是蚂蚁般的生活,我那里有很多好东西,去与我一起享受吧!"

田鼠跟随家鼠来到城里,家鼠给田鼠看豆子、谷子、红枣、干酪、蜂蜜、果子。田鼠看得目瞪口呆,大为惊讶,称赞不已,并开始悲叹自己的命运。它们正要开始吃,有人打开门,胆小的家鼠一听声响,赶紧钻进了鼠洞。当家鼠再想拿干酪时,有人又进屋里拿东西,家鼠立刻又钻回了洞里。

这时,田鼠战战兢兢地对家鼠说:"朋友,再见吧!你自己尽情地去吃吧!我不愿意担惊受怕地享受这些大麦、谷子,还是平平安安地去过你看不起的普通生活好。"

有一年,拿破仑·希尔碰到一个在纽约市中心一家办公大楼里开电梯的人。希尔注意到他的左手齐腕断了,希尔问他少了那只手会不会觉得难过,那个司机说:"不会,我根本就不去想它。只有在要穿针的时候,才会想起这件事情来。"

形体上有残疾的人,开始总为自己不健全的形体而痛苦。如果获得了正常的生活,这些痛苦就会渐渐淡忘。如果他有了明澈的思想,看透了世界与人生,他就会把别人向他投来的异样的眼光不放在心上。

人的情感就是这样,总是希望有所得,以为拥有的东西越多,自己就会越快乐。所以,这人之常情就迫使我们沿着追寻获得的路走下去。直到有一天,我们忽然惊觉,我们的忧郁、无聊、困惑、无奈及一切不快乐,都和我们的欲望有关,我们之所以不快乐,是我们渴望拥有的东西太多了。

在生活中,我们时刻都在取与舍中选择,我们总是渴望着索取,渴望着占有,而常常忽略了舍,忽略了占有的反面——放弃。懂得了放弃的真意,也就理解了"失之东隅,收之桑榆"的妙谛。多一点中和的思想,静观万物,体会与世一样博大的诗意,适当地有所放弃,这才是我们获得内心平衡,获得快乐的好方法。

常让自己感动自己

改变要从内心开始

只要改变了自己的想法,就能改变自己的生活,就会有一个美好的未来。曾有位文学家这样说过:"大多数人想改造这个世界,但却极少人想改造自己。"当你调整状态,改变自己时,你在社会生活中的位置也就变了。

有位修行者,脾气很暴躁,他很想把自己这个坏毛病改掉,于是,花了不少钱,盖了一间寺庙,他特地在寺庙大门口的横匾上刻上了"百忍寺"三个大字。

为了显示自己的诚心,他向前来进香的人说明自己改掉急躁脾气的信心和决心,人们十分敬佩他的良苦用心。

有一位过客向修行者问寺庙横匾上是什么字。

修行者说:"百忍寺。"

过客再问一次。

修行者口气略有不耐,回答说:"百忍寺。"

过客故意又问了一次:"请再说一遍!"

修行者终于按捺不住,暴躁地回答道:"百忍寺!你听不懂

啊！"

过客笑道："才问了你三遍就受不了了，那建百忍寺有什么用呢？"

如果不踏踏实实地从内心深处加以改变，而只寄希望于做表面文章，那你永远都不可能真正实现气质的改变和能力的提高。

没有什么比主观意愿更能激发一个人的行为从而帮助一个人成功，不管这种意愿是自己的真实想法、生活所需，还是形势所迫、环境所逼。

改变态度之前，必须要有强烈的改变意愿，并从内心深处加以改变。

进步源于你渴望进步，成功源于你志在成功。同样，改变也必须是你发自内心的想法和渴望。这种想法可能是来自于你对正确态度的向往，对消极态度的认识，也可能是在实践生活中的总结、顿悟。总之，只要你有了这种想法，就会对你的改变起到强有力的推动作用。

拿破仑·希尔说过，没有什么比"改变的决心"更能让你成功地改变自己的态度。只有主观的意愿，才是个人行为的最大推动力。成功不是我们想的那么遥远，只要你懂得改变自己，将消极的态度从脑中摒弃掉，成功离你就会越来越近。有句话说得好："改变自己才能改变世界。"如果一个人不能改变自身的消极态度，是因为他主观上还没有改变的意愿。对于这种"意识形态"层面的东西，它的树立或改变会更多地受到个人意愿的左右。因此，只有强烈的意愿才能真正促使态度的改变。

一个人若能从内心真正改变自己，便意味着理智的胜利，自己征服自己，意味着人生的成熟。当你没有遇到生存危机的时候，你就很难产生改变自身的强烈意愿，更不可能立即着手改变。只有当我们跳出"人生的障碍"之后，才会发现如果有别的选择，我们就不会轻易地改变。事实上，拖延、懒惰、守旧等消极态度是人类的本性，每个人在面对问题的时候都习惯于利用旧的解决方式而不是新的处理方案。因此，对一个态度消极的人来说，任何时候做出任何一项改变都是非常艰难的。

改变，是一个人进步的最大动力和最佳途径，没有什么方法比改变态度更能促进一个人的发展。而对改变态度本身来说，强烈的意愿更是前提。

人生在世，很多事情都是我们无法改变的，一个人的人生道路往往不是主观意念所决定的。在许多情况下，我们不可能改变残酷的现实，唯一可行的是改变自己。总之，改变总是有原因的，而能促使一个人改变的原因则往往都是非常重要的，因为我们很难因为一件小事而改变自己。改变，源于我们本质的思想和需求的改变，源于我们对某件事的强烈意愿。如果我们能认识到"我们不可能保持永远不变"，那改变的意愿将很容易得到加强，并从内心接受改变。

但我们的生活需要或其他重要的原因，才使我们产生了强烈的改变意愿。因为我们有了强烈的改变意愿，才有了改变的决心、动力和方法，也才能获得成功。改变消极态度本身就是一种积极表现，而要想成功改变，首先就要找到"迫使"自己改变的原因，然后树立强烈的改变意愿，并立即付诸行动。

43

车到山前必有路

伟大人物通常诞生于逆境之中，你可以数数，古今中外的伟人，他们有多少是出生在逆境，经历过逆境，又有多少是平步青云，一路凯歌。伟大的智慧往往产生于逆境，是逆境把人锤炼得更加理性、明智、顽强、坚韧，是逆境缔造了伟大和卓越。

美国民间流传着这样一句话："当上帝想要培养某个人的时候，他不会把这个人送到充满典雅和高贵、安逸氛围的学校，而是将他送到充满困顿和磨难的学校。"

1864年9月3日，诺贝尔在试验配制炸药的过程中发生了不幸的意外。

诺贝尔亲手创建的硝化甘油炸药的实验工厂在他眼前化成灰烬。人们从瓦砾中找出了5具尸体，其中一个是他正在大学读书的弟弟，另外4人是和他朝夕相处的亲密助手。5具烧得焦烂的尸体，令人惨不忍睹。诺贝尔的母亲得知小儿子惨死的噩耗，悲痛欲绝。年老的父亲因太受刺激引起脑溢血，从此半身瘫痪。

惨案发生后，警察当局立即封锁了出事现场，并严禁诺贝尔恢复自己的工厂。人们像躲避瘟神一样避开他,再也没有人愿意出租土地让他进行如此危险的实验。但是,这些失败和巨大的痛苦以及一连串的挫折并没有使诺贝尔退缩。几天以后,人们发现,在远离市区的马拉仑湖上,出现了一支巨大的平底驳船,驳船里并没有什么货物,而是摆满了各种设备,一个青年人正全神贯注地进行一项神秘的试验。他就是在大爆炸后被当地居民赶走了的诺贝尔!

大无畏的勇气往往会令死神也望而却步。在令人心惊胆战的实验中,诺贝尔没有连同他的驳船一起葬身鱼腹,而是经过多次试验发明了雷管。

雷管的发明是爆炸学上的一项重大突破。随着当时许多欧洲国家工业化进程的加快,开矿山、修铁路、凿隧道、挖运河都需要炸药。于是,人们又开始亲近诺贝尔了。他把实验室从船上搬迁到斯德哥尔摩附近的温尔维特,正式建立了第一座硝化甘油工厂。接着,他又在德国的汉堡等地建立了炸药公司。

一时间,诺贝尔生产的炸药成了抢手货,源源不断的订货单从世界各地纷至沓来,诺贝尔的财富与日俱增。

然而,获得成功的诺贝尔并没有摆脱挫折。不幸的消息接连不断地传来:在旧金山,运载炸药的火车因震荡发生爆炸,火车被炸得七零八落;德国一家著名工厂因搬运硝化甘油时发生碰撞而爆炸,整个工厂和附近的民房变成了一片废墟;在巴拿马,一艘满载着硝化甘油的轮船,在大西洋的航行途中,因颠簸引起爆炸,整个轮船全部葬身大海……

一连串骇人听闻的消息,再次使人们对诺贝尔望而生畏,甚至简直把他当成瘟神和灾星。诺贝尔又一次被人们抛弃了,人们不知道诺贝尔的发明究竟是人类发展进程的福音,还是上帝借他的手做出的惩罚。面对接踵而至的灾难和困境,诺贝尔没有被吓倒,没有被压垮,更没有一蹶不振,他身上所具有的毅力和恒心,使他对已选定的目标义无反顾,坚韧不拔。在奋斗的路上,他已习惯了与死神朝夕相伴。

炸药的威力是那样不可一世,然而,大无畏的勇气和矢志不移的恒心最终激发了他心中的潜能。他最终征服了炸药,吓退了死神。诺贝尔把困难踩在了脚下,获得了巨大的成功,他一生共获专利发明权355项。他用自己的巨额财富创立的诺贝尔科学奖,被国际科学界视为一种至高无上的荣誉。

面对失去亲人、众人唾弃这样的痛苦境地,诺贝尔都没有退缩,这就是诺贝尔成为伟大科学家的原因所在。逆境是推动创新的重要力量。事实上,它能激发人的活力已是这种"功能"的重要明证。当逆境把人逼得"走投无路"的时候,"求生的本能"会使他想出一些特别的办法去突破现状。所谓"车到山前必有路"就有这个意思。现实中,经常会发生因遭遇逆境,促使个人或集体努力创新而重新振兴的事。有时候,一些意外的失误或打击也能帮助人们创造出一种新的可能,促使人们从另一种途径创造出非凡的业绩。

改变自己

一个年轻人在街头闲逛的时候,看到一间小店很热闹,便走了进去。开店的是个年轻的女孩子,她热情地招呼:"您想要什么款式的? 看看有没有合适的。"

那个年轻人看中了一条牛仔裤,试穿,看看镜子,不大满意。年轻的女孩将衣服收好,又拿出另外一件让他试。期间,不断地有人在试穿衣服,女孩总是微笑着将弄乱的衣服重新整理好。那个年轻人几乎试遍了那间小店他认为是合适的衣服,却总是有点小问题让他感到不满意。最后,他一件衣服也没有买。出门时,他自己都觉得有点不好意思了,但年轻的女孩子说:"没关系的,不合适的,当然不能买啊,花了钱就是要买到满意的。这样吧,如果不介意,留下你的电话,我进货的时候找找有没有你喜欢的那种衣服,给你带一件。"

年轻人没有在意,随手写下了自己的电话号码,之后,他很快就忘了这件事。突然有一天,他看到手机上一个陌生的号码,一个年轻的女孩的声音,问他是不是还需要那样的一件衣服,她帮他带了一件,如果方便,就到她的店里取,如果没时间,她就给快递过去。

这个年轻人看到那件衣服时,非常高兴,这正是他在杂志上看到过的,是自己想要的那种!此后,他们成了好朋友。年轻人常常让女孩帮忙带衣服给他,他对朋友们戏称他有了个"御用"的买衣服的人。在大家都认为生意难做,钱不好赚的时候,这个女孩的小店却总是顾客盈门。

这个年轻人很奇怪女孩为什么能做到这些,而他为什么做不到呢?

女孩说,以前她也常常抱怨生活的不如意,工作的辛苦,是她的一个老师让她对自己做出了改变。一次,她到老师家去请教一个问题。她到那里的时候,老太太正在吃晚饭,做的清炒胡萝、熘肝尖儿、一小碟泡菜,浓香的粥。老师的家也收拾得一尘不染,老师热情地招呼她一起吃饭。期间,她说到自己不开心的事,老师一直微笑倾听。老师说:"你相信什么就会得到什么,如果你快乐就会得到快乐,如果你觉得自己不幸,真的就会遇到不幸的事。因此,人要快乐,就要对自己做出改变。"

女孩说,那一刻她"悟"到了生活,她从老师那里回到自己住的地方做的第一件事就是把小屋打扫干净。然后,尝试着给自己做出可口的饭菜,并且下定决心善待她遇到的每个人,每件事。

有这么一个故事:一个国王有一天到郊外去,回到王宫后抱怨路把他的脚磨疼了,他下令铺一条从王宫到郊外的路,而且要铺上厚厚的地毯。一个大臣冒着杀头的危险,小心地建议他给自己做一双厚底的舒服的鞋子。国王沉思良久,猛然醒悟发觉自己需要的只是一双厚底的舒服的鞋子。

我们无法以任何方式改变他人,我们只能改变自己。我们只能改变自己对事物的理解,我们只能做出榜样,影响他人。

从上面的故事中,我们可以看出:

每个人都想过更好的生活,却不希望改变自己。天下没有免费的午餐,只有付出才有收获。你可以选择你想要的生活,抱怨只会让事情更糟糕,你可以选择不停地抱怨别人,也可以选择自己做出改变,它不一定要你完全改变你过去的所有,一个念头的转变,一点行为的修正,让自己慢慢拥有良好的习惯,会给你带来好的机遇。改变的力量可以来自权威,也可以来自自己的内心。

现在开始,对自己做出改变,不要嫌晚。知道了自己要改变的地方,就坚决去改变。如果你现在就开始改变自己,你会发现你正在改变世界,世界也变得更加明亮。

走出悲观，阳光离你不再遥远

不同的人生态度会造就完全不同的人生风景。乐观者能从低谷中看到希望，悲观者却背向阳光，只看到自己的影子。一个悲观的人往往在行动前就认定自己无可挽救，然而，更悲哀的是他已经习惯了在这样的思维模式下封闭了所有的路。

父亲欲对一对孪生兄弟作"性格改造"，因为其中一个过分乐观，而另一个则过分悲观。一天，他买了许多色泽鲜艳的新玩具给悲观孩子，又把乐观孩子送进了一间堆满马粪的车房里。

第二天清晨，父亲看到悲观孩子正泣不成声，便问："为什么不玩那些玩具呢？"

"玩了就会坏的。"孩子仍在哭泣。

父亲叹了口气，走进车房，却发现那乐观孩子正兴高采烈地在马粪里掏着什么。

"告诉你，爸爸，"那孩子得意洋洋地向父亲宣称，"我想马粪堆里一定还藏着一匹小马呢！"

思想决定态度，态度决定选择，选择决定命运。心理学上的

"漏掉的瓦片效应"说的也是这种悲观者的心理。一栋房子顶上铺满了密密麻麻的瓦片,悲观者在看房顶时,不是看铺得很好很整齐的瓦片,而是专看那一块铺漏了的瓦片。凡事专挑自己的缺点,总是爱自己为难自己的人怎么能够快乐呢?

乐观主义者成功的秘诀就在于他们能够"释怀"。比如,有两个推销员,当推销失败之后,悲观主义者说:"我不善于做这种事,我总是失败。"乐观主义者则寻找客观原因,他责怪天气、抱怨电话线路或者甚至怪罪对方,他认为是那个客户当时情绪不好。当一切顺利时,乐观主义者把一切功劳都归于自己,而悲观主义者只把成功视为侥幸。

悲观的人总是习惯背对着阳光生活,他们看不到阳光,也感受不到快乐,要知道,人生的最高境界就是快乐。快乐是一种积极的处世态度,是以宽容、接纳、豁达、愉悦的心态去看待周边的世界。快乐的心境有利于开发人的创造力。快乐是积极地肯定自我,是紧紧地抓住现在。我们要让昨天所有的不快、失落化为云烟,只留下经验教训作为今天快乐的基石;要把对明日的忧心忡忡全部拒之门外,只让美好的向往为今日的快乐增添色彩。

面对现实的经济状况,以及生存的竞争,怎样才能使自己的心理调整到快乐状态,使乐观成为不可或缺的维生素,来滋养自己的生命呢?

也许很多时候我们不能改变环境,但是我们可以改变看待问题的角度,悲观者和乐观者仅仅是看待问题的思路不同而已。

苏格拉底的妻子是个心胸狭窄、性格冥顽不化、喜欢唠叨不休、动辄就破口大骂的女人,常常令堂堂的哲学家苏格拉底困窘不堪。一次，别人问苏格拉底"为什么要娶这么个夫人"时，他回答说："擅长马术的人总要挑烈马骑，骑惯了烈马，驾驭其他的马就不在话下。我如果能忍受得了这样女人的话，恐怕天下就再也没有难于相处的人了。"

据说苏格拉底就是为了在他妻子烦死人的唠叨声中净化自己的精神才与她结婚的。

有一次，苏格拉底正在和学生们讨论学术问题，互相争论的时候，他的妻子气冲冲地跑进来，把苏格拉底大骂了一顿之后，又从外面提来一桶水，猛地泼到苏格拉底身上。在场的学生们都以为苏格拉底会怒斥妻子一顿，哪知苏格拉底摸了摸浑身湿透的衣服，风趣地说："我知道，打雷以后，必定会有大雨的！"

这就是一个乐观者的态度。当他面临苦难和不幸时，绝不自怨自艾，而是以一种幽默的态度，和豁达、宽恕的胸怀来承受。

要想走出悲观的情绪，就得时刻把关注点放到积极的那一方面。一个装了半杯酒的酒杯，你是盯着那香醇的下半杯，还是盯着那空空的上半杯呢？从篱笆望出去，你是看到了黄色的泥土还是满天的星星呢？以积极的心态去看待身边的事物，就会收到不同的效果。

有一位名人说："困苦人的日子都是愁苦；心中欢畅者，则常享丰宴。"这段话的意义是告诫世人设法培养愉快之心，并时常用快乐来主宰自己的生活，那么生活将成为一连串的欢筵。

悲观不是天生的，就像人类的其他态度一样，悲观可以通过努力转变成一种新的态度——乐观。只要学会改变看待问题的思路，相信阳光离你便不再遥远了。

常让自己感动自己

拥有正确的心态，你可以随时快乐

某喜剧大师去找心理医生求诊，说他不快乐。心理医生告诉他，去看某喜剧大师的表演吧，他会让你快乐。

喜剧大师说："我就是他。我送给观众快乐，但那只是我的工作。快乐是他们的，我不快乐。"

这件事对心理医生触动很大，他弄不清楚快乐是谁的，于是他开始忧郁。

心理医生去找喜剧大师，说："我也不快乐了。"

喜剧大师问："你治好了许多人的抑郁症，让他们重新感受到了快乐，你为什么不快乐呢？"

心理医生说："可那只是我的工作。快乐是他们的，我不快乐。"

生活中的你，是否也像他们一样把快乐与工作截然分开了呢？

很多人认为，快乐只能是通过娱乐、消遣、休闲方式获得，它与工作和生活无关。当他们必须工作、必须直面生活时，他们所

53

感受到的只有厌烦、疲惫和困苦。由于工作和生活带给他们的经常是无奈,于是他们也开始消极地应付工作和生活。在这样的状态下,工作越来越乏味,生活也越来越不如意,于是他们就更加不快乐,更加消极,如此形成恶性循环。

如果我们消极地应付工作,我们自然做不好工作。即使在职业责任心的驱使下把工作完成了,也只是"完成"而已,根本不会有所突破。当喜剧大师说"快乐是观众的,我不快乐"时,他还会有灵感创作出更有水平的作品吗?当心理医生说"尽管我治好了不少人的抑郁症,但那只是我的工作"时,他还能进一步提高自己的医术吗?

要想取得成功,我们就要学会在工作中体会到快乐。其实工作本身就是美丽的、快乐的,生活也是如此。所以,重要的不是你所从事的是怎样的工作,过着怎样的生活,而是你是否具有发现快乐的眼睛。

其实,快乐与否,全在于一个人的心态。看开了,也没什么大不了。只要善于调整心态,就能抛开阴影,开创一片新天地。

无论对工作还是生活来说,能保持快乐的心态,就是一种资本。曾有人说过:"只要你愿意,你就会在生活中发现和找到快乐——痛苦不请自来,而快乐却需要我们自己去发现。"

我国著名科普学家高士其就是一个善于发现快乐的人。

高士其年轻时曾留学美国,毕业后留在芝加哥医学院深造。23岁那年,一场意外的科研事故使他变残废了,全身瘫痪,说话不清,两眼发直,连饮水都困难。

然而,高士其的心却没有衰竭。他以顽强的毅力写了许多文

章和诗,成为我国著名的科普作家。他曾写过一篇知识小品,题为《笑》,其中这样写着:

笑有笑的哲学。笑的本质,是精神愉快。

笑的现象,是让笑容、笑声伴随着你的生活。

笑的形式,多种多样,千姿百态,无时不有,无处不有。

笑的内容,丰富多彩,包括人的一生……

笑,你是嘴边一朵花,在颈上花苑里开放。

你是脸上一朵云,在眉宇双目间飞翔。

你是美的姊妹,艺术家的娇儿。

你是爱的伴侣,生活有了爱情,你笑得更甜。

笑,你是治病的良方,健康的朋友。

高士其永远拥有一颗快乐的心,这是一种积极向上的生活态度,一种任何艰难困苦都无法摧毁的生活态度。

快乐是一种生活的尺度,能反映我们生活的品质,丈量我们对生活的热爱程度。一位心理学家曾说:"快乐是一种善待自己的能力,不管你目前的生活境况怎样,你都应该让自己保持快乐的心情。"很多人之所以不能获得快乐,是因为他们把注意力集中在了令人沮丧和痛苦的事情上,他们的态度消极。

快乐的人,往往是一些永远快乐且充满希望的人。无论遇到什么情况,快乐的人脸上总是带着微笑,坦然地接受人生的变故和挫折。这就是乐观的生活态度。

其实,快乐是每个人最基本的权利和义务,不论你是富有还是贫穷,是成功还是失败。如果要等到实现某个目标之后你才会快乐,那么你永远也享受不到真正的快乐,因为不论你的目标是什么,当你实现这个目标后,马上会有下一个目标出现,所以你根本不可能快乐。

研究表明,所有具有快乐态度的人都表现出这样的特点:乐观、积极、热情、开朗、有活力。生活郁闷的人会在寻找快乐的过程中逐渐失去自我,而乐观积极的人则将注意力投入眼前的事情就能够获得快乐。其实,快乐不是什么神秘的东西,只要你有正确的心态,快乐随时都能获得。

做情绪的主人

　　我们都生活在复杂的社会中,我们的情绪,就如同变化的气候,有的时候很难估量和掌握。有句名言说:"控制你的情绪,不然它就控制你。"人的情绪对健康影响极大,愉快的情绪会给人的健康带来正面的影响,悲观的情绪会给人们以负面影响。喜怒哀乐是人之常情,生活中一点烦心事没有是不可能的,关键是如何有效地调整控制自己的情绪,做情绪的主人。

　　在美国加州有一个小女孩,她的父亲买了一辆大卡车。她父亲非常喜欢那台卡车,总是为那台车做精心的保养,以保持卡车的美观。

　　一天,小女孩拿着硬物在她父亲的卡车上留下了很多的刮痕。她父亲盛怒之下用铁丝把小女孩的手绑起来,然后吊着小女孩的手,让她在车库前罚站。四个小时后,当父亲平静下来回到车库时,他看到女儿的手已经被铁丝绑得血液不通了。父亲把她送到急诊室时,手已经坏死,医生说不截去手的话是非常危险的,甚至可能会危及小女孩的生命。小女孩就这样失去了她的一

双手！但是她不懂，她不懂到底发生了什么。

父亲的愧疚可想而知。

大约半年后，小女孩父亲的卡车进厂重新烤漆，又像全新的一样了，当他把卡车开回家，小女孩看着完好如新的卡车，天真地说："爸爸，你的卡车好漂亮哟，看起来就像是新卡车。但是，你什么时候才把我的手还给我？"

不堪愧疚折磨的父亲终于崩溃，最后举枪自杀。

一场悲剧，只是因为父亲没能控制住自己的一次情绪。

当然，每个人都有情绪不好的时候，人也不可能永远做老好人，该发的火还是要发。比如，你在午休，可是一群小孩在你窗外的胡同里大喊大叫地踢球，你理会不理会？虽然他们还很小，但他们的行为妨碍了别人的正当权益。

在生活中，我们感觉周围的事物，形成我们的观念，做出我们的评价，以及相应的判断、决策等，无一不是通过我们的心理世界来进行的。只要是经由主观的心理世界来认识和体察事物，就不可避免地使我们对事物的认识和判断产生偏差，受到非理性因素的干扰和影响。

波格9岁时，就展示出了过人的运动天赋，他在网球方面的天赋很高，他的父亲绝对能将他训练成一名职业网球运动员。到了12岁，他常常击败全国的优秀成年球手，能与世界级职业网球手进行激烈的比赛。每个人都预言，总有一天，他可能会成为世界冠军。

但是波格是一个脾气火暴、冲动任性的人。他渴望赢得比赛的每一分，但如果事情不尽如人意，比如一次不应该的失误，或裁判判断出错,他就会勃然大怒,他会满嘴脏话,与裁判争吵,扔掉球拍。他不止一次用球拍猛击网柱,直到球拍碎裂。他无法控制自己激动的情绪,有时甚至还未开赛就抱怨不休,因此他开始输掉原本可以取胜的比赛。

一天,他父亲来观看他的比赛。比赛刚开始,波格又开始发脾气了,大吼大叫、咒骂、扔球拍、冲观众吐口水。目睹到这些可憎的行为,波格的父亲忍无可忍。在比赛间隙,他父亲突然走进球场,向观众宣布:"比赛到此为止。我儿子弃权。"说完来到儿子面前,夺过球拍,严厉地说:"跟我走。"回到家后,父亲把波格的球拍锁进储藏室,语气坚定地对他说道:"球拍要在储藏室存放6个月。在这6个月中你必须学会怎样控制你的情绪,你才能重拾球拍。"

波格惊呆了,要等6个月才能碰球拍,这对他来说无疑是一种煎熬。他开始向父亲大吼大叫,但是父亲没有理会他。刚开始的一段时间,波格仍然是每天发火,但是他发现发脾气也没有用,父亲仍然不将球拍还给他。慢慢地他感觉到了发脾气很累,而且根本无济于事。所以他发脾气的次数也越来越少,而且他渐渐认识到自己的错误,逐渐改掉了乱发脾气的习惯。

6个月到了,父亲从储藏室拿出球拍,递给儿子:"今后,如果我听到你说一句咒骂的话,再看到你怒摔球拍,我就把它永远拿走。要么你控制情绪,要么我为你控制球拍。"

能再打球,波格欣喜若狂,他倾注了比从前更多的热情。随着一次又一次的重大比赛,波格的表现越来越好。媒体开始称之为"少年天使",因为他是如此纯真,在赛场上,他的举止就像一

59

个天使。要知道,在他的父亲禁止他打球的日子里,他学会了控制情绪,哪怕在重大锦标赛的决赛中,裁判糟糕地误判边线球,他也处之泰然。他非常善于控制情绪,连对手们都被他赛场上的风度震慑了。

从此,波格登上了一个网球运动员渴望达到的事业巅峰。他总共夺得了14个锦标赛冠军,其中包括6次法国网球公开赛冠军,5次温布尔登网球公开赛冠军。

有一个孩子无法控制自己的情绪,常常无缘无故地发脾气。一天,父亲给了他一大包钉子,让他每发一次脾气都用铁锤在他家后院的栅栏上钉一颗钉子。

第一天,小男孩共在栅栏上钉了12颗钉子。过了几个星期,小男孩渐渐学会了控制自己的愤怒,在栅栏上钉钉子的数目开始逐渐减少了。他发现控制自己的脾气比往栅栏上钉钉子要容易多了……最后,小男孩变得不爱发脾气了。

他把自己的转变告诉了父亲。他父亲又建议他说:"如果你能坚持一整天不发脾气,就从栅栏上拔下一颗钉子。"经过一段时间,小男孩终于把栅栏上所有的钉子都拔掉了。

父亲拉着他的手来到栅栏边,对小男孩说:"儿子,你做得很好。但是,你看一看那些钉子在栅栏上留下的那么多小孔,栅栏再也不会是原来的样子了。当你向别人发过脾气之后,你的言语就像这些钉孔一样,会在人们的心灵中留下疤痕。你这样做就好比用刀子刺向了某人的身体,然后再拔出来。无论你说多少次'对不起',那伤口都会永远存在。其实,口头上对人们造成的伤害与伤害人们的肉体没什么两样。"

常让自己感动自己

我们对人所造成的伤害,再多的弥补往往也无济于事。所以在生气的时候,不管怎样总要留下退步的余地,以免做出无法挽回的事。

总之,管理好自己心里的怒气,控制好自己的情绪,你就可以从容自如地面对生活中的很多不平事,成为强者,正如圣经上所说:"不轻易发怒的,胜过勇士;治服己心的,强如取城!"

永不自满,超越自我

要想在竞争激烈的现代职场上站住脚,永远立于不败之地,就应该不断更新自己,提升自己的能力,成为职场中的佼佼者。否则,你将会被列入公司裁员的名单之中,被淘汰的命运说不准哪一天就降临到你头上。

不断超越自己,永不自满,你的一生将会走向完满与成功。

10年前的中学同学,他们的自身经历或许可以很好地说明这个问题。当年有些人受到命运之神的眷顾,进入了大学的殿堂,而有些人却没能得到命运的垂青,与大学失之交臂。而如今,那些昔日的幸运者,有的也许仍然平平常常,固守自己的职位,数年来没有什么变化。而当初的失意者却干出了名堂,有的已经成为老板,有的竟成为大明星。

年轻的彼尔斯·哈克是美国ABC晚间新闻当红主播,他虽然没有上过大学,但是却把事业作为他的教育课堂。最初他当了3年主播后,毅然决定辞去令人羡慕的主播职位,决定到新闻第一线去磨炼,干起记者的工作。他在美国国内报道了许多不同路线的新闻,成为美国电视网第一个常驻中东的特派员,后来他搬到伦敦,成为欧洲地区的特派员。经过这些历练后,他又重新回到ABC主播的位置。此时的他已由一个初出茅庐的年轻小伙子成长为一名成熟稳健又广受欢迎的记者。

有的人永远不满足自己的现状,拼命改变自己的命运,所以他们能不断地有所长进。而有的人则认为自己很幸运,很了不起,什么都不用愁了,忘了居安思危,失去了进取之心,所以一直原地踏步,甚至被人遗忘。

自满对工作有极大的负面效应。很多员工在没有一点成就的时候,刻苦努力,像老黄牛一样勤勤恳恳地工作,而一旦有一天取得一点成就之后,就沾沾自喜、得意忘形。这种容易满足的习惯只能让自己重新回到以前,甚至变得一塌糊涂。美国老牌流行歌手麦当娜在这方面就颇有感受。处在流行工业最前线的唱片业,每年都有前赴后继的新人,以数百张新专辑的速度抢攻唱片市场,稍不留神就被远远地抛在后面。麦当娜觉得:"老不是最可怕的,人还没有老就落后了才是最悲哀的事。"所以,面对推陈出新的市场,不断学习和创新才能不被抛出轨道,"我是个忧患意识很强的人,每天都觉得自己快跟不上时代了。"这样的忧患意识就是进步的动力。

事实上,一个尽职尽责、按时完成分内工作的员工仅仅是一名称职的员工而已,称不上是优秀的员工,更不能说他热爱自己的工作或事业。他的一生会比较平凡,甚至可能平庸。一个真正出类拔萃、有所作为的员工,必会积极进取,不安于现状。他工作不只是为了薪水,更是为了创造更高的价值,为了在工作过程中

63

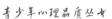
寻求自己能力的提升,并获得更多人的认可。

所以,我们要时刻进取,勇于学习,超越一秒钟前的自己。

百货业公认的最伟大的推销员爱莫斯·巴尔斯是一个真正具有进取精神的人。直到晚年,他仍保持着敏锐的头脑,不断产生出令人新奇的构思。

每当别人对他取得的成就表示赞赏时,他都丝毫不放到心里去,总是兴奋地说:"你来听听我现在这个新的想法吧。"

他94岁高龄时,不幸患了绝症,当有人给他打电话表示慰问时,他却没有丝毫悲伤的情绪:"嗨,我又有了一个奇妙的构想。"而仅仅两天后,他就与世长辞了。

巴尔斯是真正超越了一秒前自己的人,他从不认为自己已完成了一切,永远向着下一个目标前进,甚至在死亡面前。

有句古老的名言:"一个人的思想决定一个人的命运。"不敢向高难度的工作挑战,是对自己潜能的画地为牢,只能使自己无限的潜能化为有限的成就。

埃里克·霍弗深信:"在瞬息万变的世界里,唯有虚心学习的人才能掌握未来。自认为学识广博的人往往只会停滞不前,结果所具备的技能没过多久就成了不合时宜的老古董。"

"学无止境。"不管你有多能干,你曾经把工作完成得多么出色,如果你一味沉溺在对往日表现的自满当中,"学习"便会受到阻碍。如果没有终生学习的心态,不去追寻各个领域的新知识,也不去开发自己的创造力,最终,你会丧失自己的生存能力。因为现在的职场对于缺乏学习意识的员工是很无情的,员工一旦拒绝学习,就会迅速贬值,所谓"不进则退",转眼之间就会被抛在后面，甚至被时代淘汰。

因此，不管你曾有过怎样的辉煌，你都必须对职业生涯的成长不断投注心力，学习、学习、再学习，千万不要自我膨胀到目中无人的地步，要敞开心胸接受智者的指点，及时了解自己有待加强的地方，时刻保持警觉，最大限度地发挥自己的才能，让自己的工作随时保持在巅峰状态。

只有你具备了永不满足的挑战自我的精神，才会真的拥有空杯心态，才会永远不自满，永远在学习，永远在进步，永远保持身心的活力。在攀登者的心目中，下一座山峰，才是最有魅力的。攀越的过程，最让人沉醉，因为这个过程充满了新奇和挑战，空杯心态将使你的人生渐入佳境，它可以让你随时对自己拥有的知识和能力进行重整，清空过时的，为新知识、新能力的进入留出空间，保证自己的知识与能力总是最新、最优质的。

百丈高塔是一层一层建立起来的，进步是一点一滴积累起来的。希瓦·华里是个著名的野外摄影记者，有一次他独自一人到亚马孙河的密林中去拍照，结果迷了路，他唯一能做的就是根据指南针的指示，拖着沉重的步伐向密林外走，这至少有200英里，他需要在八月的酷热和季风带来的暴雨的侵袭下，进行长途跋涉。

才走了一个小时，他的一只长筒靴的鞋钉就扎进了脚里，傍晚时双脚都起泡出血，有硬币那般大小的血泡。他以为自己完蛋了，但是又不能不走下去。为了在晚上找个地方休息，他别无选择，只能一英里一英里地走下去，结果，他真的就走出了广袤的亚马逊丛林。

所以，我们要时刻进取，努力提高自己，改变一秒钟前的自己，你的前景将无比光明！

65

面对事情积极主动

有个老人牵着自己心爱的驴出门远行,在过一道深沟时,驴不小心掉进了深沟里。老人使了很多法子,驴也尽了最大努力,怎么也出不来。老人不想让驴在深沟里活受罪,更不想驴被狼群吃掉,于是他找来一把铁锹,想把驴埋掉。面对从天而降的黄土,驴并没有倒下,而是用尽力气将黄土抖落下来,然后坚定地站上去。就这样,落下一锹土,驴就用力抖一下,然后向上站一步,如此反复,最后,驴又回到了地面,继续跟老人一起远行。

这个故事说明,只要具备了积极的心态,困难就不会把你压倒!而一个人只要善于发掘自己身上的积极因素,积极的因素就会像泉水一样涌出来,即使再大的困难摆在面前,你也不会消极失望,一定会找到解决问题的办法。

著名的贝尔实验室和3M等公司通过研究发现,主动性是最能体现优秀工作者与普通工作者差异的一个方面,而一个优秀工作者是从以下五个方面来体现主动性的:

1.承担自己工作以外的责任。

2.为同事和集体做更多的努力。

3.能够坚持自己的想法或项目,并很好地完成它。

4.愿意承担一些个人风险来接受新任务。

5.他们总站在核心路线旁。核心路线是公司为获得收益和取得市场成功所必须做的直接的、重要的行为,工作人员首先必须踏上这条路线,然后才能为公司作出贡献。

如果你不想在公司裁员时被裁掉,那么,就积极主动地努力去做吧!

心理学家对1000名创业成功者进行调查研究,归纳出他们走向成功的几个步骤,这些步骤都可以归纳为一点——都具有积极的自我意识,能够主动抓住机遇创业,并一直保持积极的自我意识、自我评价、自我控制以及自我期待。

专家的研究成果告诉我们:每个人身上都有巨大的潜能没有发挥出来。美国学者詹姆斯经研究认为,普通人只运用了他蕴藏的潜力的1/10,与应当取得的成就相比,只不过发挥了一小部分能量,只利用了自身资源的很小一部分而已。只有具备积极的自我意识,一个人才知道自己是什么样的人,能够成为什么样的人,进而积极地开发和利用自己身上的潜能,走向成功。

道尼斯先生来到一家进出口公司工作后,晋升速度之快,让周围的所有人都惊讶不已。一天,道尼斯先生的一位知心好友怀着强烈的好奇心询问他这个问题。

道尼斯先生听后微笑着答道:"这个嘛,很简单。当我刚开始去杜兰特先生的公司工作时,我就发现,每天下班后,所有人都回家了,可是杜兰特先生依然留在办公室里工作,而且一直待到很晚。我还注意到,这段时间内,杜兰特先生经常寻找一个人帮他把公文包拿来,或是替他做重要的服务。于是,下班后我也不回家,待在办公室里继续工作。虽然没有人要求我留下来,但我认为我应该这么做,如果需要,我可为杜兰特先生提供他所需要的任何帮助。就这样,时间久了,杜兰特就养成了呼叫我的习惯,并对我积极主动地工作留下了良好的印象,这就是我晋升的原因。"

道尼斯这样做虽然没有获得额外的报酬,但是,他获得的远比那点金钱重要得多——那就是一个成功的机会。

积极主动的自我意识使得道尼斯先生获得成功。要想取得非凡的成就,就得拥有积极的自我意识。积极的自我意识,是养成自动自发良好习惯的前提和决定因素。

心理学家研究认为,积极主动的自我意识,固然与一个人的先天遗传有关,但更重要的是在现实生活中逐渐形成的。每个人可能都被懒惰、拖延、消极等坏毛病纠缠过,这些坏毛病会制约你积极主动的自我意识的培养和形成,所以,必须下决心改掉这些坏毛病。你可以试着按照下面几点去做:

1.每天制订一项明确的工作任务,在你的上司还没指示你之前就主动把它做好。任务一旦确定,即使上司没有指示你做,你也要努力去完成它。你可以把确定的任务写在办公桌上台历的醒目位置,使你一抬头就看得见,甚至你可以把定好的任务告诉你的亲人或朋友,让他们提醒你。这种方法往往很有效,因为人都是有自尊的,当你的亲人或朋友询问你的工作任务进展得怎样时,即使你忘记了或者进展缓慢,你也会积极主动地抓紧去做。

2.每天至少做一件对他人有意义的事情，不要在乎是否有报酬，例如帮同事查查资料，但不要期望同事会给你什么回报。

3.今日事今日毕，工作不留"尾巴"。每天安排的工作，必须当日完成，即使因特殊情况拖到第二天，也要在第二天挤出时间完成。否则，你的工作越拖越多，既加大了工作量，又挫伤了完成任务的积极性，长此以往，你将陷入被动工作的怪圈，你为培养自动自发主动工作所做的努力也会付之东流。

4.每天至少告诉一个人养成主动工作习惯的意义。你若能坚持做到这一点，你就成了为"积极主动工作"信念布道的使者，你的心态必会得到一种"质"的改变，促使你的行动向"积极主动"上转变，相信你很快就会养成主动工作的习惯，这种意识会像一粒种子一样在你心里生根发芽，一旦机会出现，你就会牢牢抓住，并成就一番事业。

怎样培养积极的心态呢？首先要从细节处开始，从生活中的点点滴滴开始。

1.尽量昂首挺胸走路。

人的肢体行动能够显示一个人的精神状态。一个人走路昂首挺胸，显得朝气蓬勃，充满自信，谁还会怀疑他走向成功的能力呢？即使困难重重，但他那昂首挺胸的样子，一定会让人相信他会积极地走出困境并取得最终胜利的。

2.恰到好处地用力握手。

轻柔型的握手显得没有自信心，而故意过分用力和显出傲慢态度的握手者，其实是虚张声势，为了掩饰其信心的缺乏。沉稳而不过分用力的握手，把对方的手适度地握紧，会让人觉得你

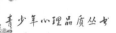

热情而又生气勃勃,是值得信赖的。

3.用坦然的目光注视对方。

人们常说,眼睛是心灵的窗户。从一个人的目光中,我们可以看见他的内心世界。目光呆滞,显得人没有精神,也没有进取心。目光躲躲闪闪,显得人怯懦,不自信。目光坦然,则显得人胸有成竹,内心蕴藏着无穷的力量。

4.将你的步伐加快。

心理学家认为,懒散的姿态和缓慢的步伐与一个人的心理状态有极大的关系,表明了他对待自己、工作以及他人的一种消极和不愉快的态度。心理学家还告诉我们可以通过改变你的姿势,加快你的走路频率从而达到改变你的态度、心理的重要目的。

因为加快你步伐的频率,显得步伐敏捷,好像处在竞走中的冲刺阶段,仿佛向世界宣告我要到一个重要的地方,去做一件非常重要的事,而且我将会在短期内取得成功。这样可以树立起你的自信心,培养起你积极的态度。

5.比别人早到公司。

试想,当你的同事睡眼惺忪地匆匆赶到办公室,而你已经把上班前的准备工作——读读新报纸、查查电子邮件、整理办公桌上的资料等都做好了,你会是什么样的心情呢?

你的心情肯定是轻松的、愉悦的、自信的。这种心情有利于你积极主动地做事,甚至会赐予你灵感,超水平地发挥你的能力,做出一些让你的上司刮目相看的事情。同时,你的这种积极的习惯,一定会引起上司的注意,进而得到上司的赏识,如果有晋升的机会,你一定会成为上司的首选。

6.每天至少赞美自己一次。

行为学家们曾做过无数次的试验来证明赞扬的重要性。他们认为,人们总是趋向于重复那些能够获得激励性结果的行为。

美国钢铁公司第一任总裁史考伯说:"我在世界各地见过许多大人物,还没有发现任何人——不论他多么伟大,地位多么崇高——不是在被赞美的情况下,比在被批评的情况下工作成绩更佳、更卖力。"

所以,每天你都要寻找工作中的亮点来赞美自己,比如你的企划方案得到了上司的肯定,即使上司没有表扬你,你也要想我的这个企划方案做得不错,下一次我会做得更好。

心态决定生活质量

美国前总统托马斯·杰斐逊曾经说过这样一段话："没有什么困难可以阻止一个拥有正确心态的人去达成他的目标；相反，这个世界上也没有任何神灵可以帮助一个拥有错误心态的人达成他的正确目标。"

就某种意义来说，说这句话的人正在运用积极的心态，正在把生活中较好的东西吸引到他的身边，正在运用本书作者要你运用的力量。

一位法国心理学家教给我们一个培养积极心态并保持健康意识的简单方法。每天对自己说："每一天，在每一方面，都越来越好。"我们应每天多次对自己重复说这句话，直到它印在我们的潜意识中为止，接受它并且去履行它。

这是一项简单但很有效的自我暗示方法，但这个方法的成败全凭你对这句话的信仰程度而定。

我们的内心会受到周遭环境的影响，如果在它的周遭环境中注入正确的意念时，我们就会深信它。

医生说:"这个孩子活不成了。"他所说的孩子是个刚生下来两天的婴儿。

"这个孩子一定会活下去!"父亲回答道。这位父亲具有积极的心态——他有信心,他相信祈祷,更相信行动。他开始行动起来了!他委托一位小儿科医生照料这个孩子,这位医生也有积极的心态,作为一名医生,根据经验他知道,自然给每种生物的生理缺陷都提供了一个补偿的因素。这孩子确实活了!

积极的心态会促进心理健康和生理健康,延长寿命。而消极的心态一定会逐渐破坏你的心理健康和生理健康,缩短你的寿命。有些人由于恰当地运用了积极的心态,因此拯救了许多人的生命,这些人之所以得救,就是因为接近他们的人具有强烈的积极心态。

一位62岁的建筑工程师回到家里,上床睡觉时,感觉胸痛,呼吸急促。他的妻子比他年轻10岁,非常害怕,她怀着希望为丈夫按摩,试图促进他的血液循环。但是,他死了。

"我再也不能活下去了!"这位寡妇对她的母亲说。于是,这位寡妇承受不住心理上的打击也抑郁而死了,她和她的丈夫死在了同一天!

活了的婴孩和死了的寡妇都证明积极的心态和消极的心态都具有强大的力量。积极的态度相互传染,就会产生积极的影响,带动更多人主动进取、奋发图强,创造出更大的价值;消极的态度相互传染,就会使人们不思进取,甚至堕落、倒退,延误和阻碍行业和团队的发展进步。

从现在开始发展积极心态,要为任何可能发生的紧急情况

73

而做好准备,确立一个生活目标。记住当你有了生活目标时,下意识心理能把强大的激励因素加到你的意识心理上,使你在危急时刻能够有勇气生存下去。

马丁在他所著的《你的最大力量》一书中讲到一个团的英军,他们把《圣经》第91首赞美诗作为催化剂,这不仅帮助他们保住了生命,而且还帮助他们取得了胜利。

马丁写道:"英国著名工程师和一位最伟大的科学家罗逊在他的书《被理解的生命》中讲述了一个团的英军在上校威特西的指挥下,在长达4年的各次战役中,却没有损失一个人。这个不平常的记录之所以成为可能,是由于官兵积极合作,大家经常记忆和背诵《圣经》第91首赞美诗的词句,他们把这首诗作为获得胜利及保护健康和生命的催化剂。"

我们需要有一个健康而强壮的身心。这是可以做到的,只要我们能够过一种有节制、有秩序的生活。

拥有健康并不能拥有一切,但失去健康却会失去一切。健康不是别人的施舍,健康是对生命的执著追求。

洛克菲勒退休后,他确定的主要目标就是保持身体和心理的健康,争取长寿,赢得同胞的尊敬。下面是洛克菲勒如何达到这个目标的纲领:

1.每星期日去参加礼拜,记下所学到的原则,供每天应用。

2.每晚睡8小时,每天午睡片刻。适当休息,避免有害的疲劳。

3.每天洗一次盆浴或淋浴,保持干净和整洁。

4.移居佛罗里达州,那里的气候有益于健康和长寿。

5.过有规律的生活。每天到户外从事喜爱的运动——打高尔夫球,吸收新鲜空气和阳光,定期享受室内的运动,读书和其他有益的活动。

6.饮食有节制,细嚼慢咽。不吃太热或太冷的食物,以免烫坏或冻坏胃壁。

7.汲取心理和精神的维生素。在每次进餐时,都说文雅的语言,还同家人、秘书、客人一起读励志的书。

8.雇用毕格医生为私人医生。(他使得洛克菲勒身体健康、精神愉快、性格活跃,愉快地活到97岁高龄。)

9.把自己的一部分财产分给需要的人以共享。

起初洛克菲勒的动机主要是自私的,他分财产给别人,只是为了换取良好的声誉,但实际上却出现了一种他没有预料到的情况:他通过向慈善机构的捐献,把幸福和健康送给了许多人,在他赢得了声誉的同时,他自己也得到了幸福和健康,他所建立的基金会将有利于今后好几代的人,他的生命和金钱都是做好事的工具,他达到了自己的目标。

正确的态度使我们拥有正确的思想、良好的情绪、积极的生活态度,这样,我们看问题的角度就会更趋理性、更科学,处理事情的时候就会更加准确、积极、有效,并努力促使其朝着好的方向发展。当我们的头脑中充满积极态度的时候,原先的消极态度就会无处藏身,别人的消极态度也无法传染并毒害我们,我们便能形成正确的生活方式。

快乐生活，让你充满活力

快乐是一种态度，更是一种能力，并且是一种非常重要而难得的能力。一个人如果能够长期保持快乐，说明他的态度是正确而积极的，说明他能比较乐观地看待生活中的问题。通常，这种人更容易获得幸福，也更容易创造出积极的结果。

有一家跨国公司招聘一名策划总监，经过层层选拔，最后剩下了3个人，他们将进行最后的争夺。在进入最后一轮考核前，3名应聘者被分别安排到3个装有监控设备的房间内。房间干净整齐，温馨舒适，所有生活用品一应俱全，但是没有电话，也不能上网。考核方没有告诉他们具体要做什么，只是让他们安心地等待考核通知，到时会有专人将考题送来。

第1天，3个人都在兴奋中度过，享受着免费的接待。他们在各自的房间内看看电视，翻翻书报，听听音乐，按时吃着送来的三餐，时间很快就过去了。

第2天早餐过后，3人的表现开始有了不同。因为迟迟没有收到考题，其中的一个人变得焦躁不安，他不停地调换电视频道，把书翻来翻去,无心细看。另一个人则愁眉苦脸,抱着书发呆,望着电视眼珠却不转。只有最后的那个人还若无其事地生活着,津津有味地吃着送来的三餐,观看自己喜爱的电视节目,非常投入地看着手里的书,踏踏实实地睡觉……享受着这里的一切。

随着时间的推移,3个人的差异越来越明显。

到了第5天,考核方将3个人同时请出了各自的房间,宣布考核结束。前两人露出了惊讶的表情,最后那个人的表现还是那么镇定。人事经理代表总经理宣布了考核结果,公司决定聘用那位态度乐观、能快乐生活的人,并对聘用原因进行了简单解释:"快乐是一种能力,能够在不同情况下保持乐观态度的人,更容易对事情做出准确的判断,更具有承受能力和开拓精神,也更能处理好与团队成员间的关系,创造出良好的工作氛围。"

快乐也是一种良好的竞争优势,能够帮助你在事业上获得更多机会,在前进的道路上走得更加顺利。

无论对工作还是生活来说,能保持快乐的心态,就是一种资本。

快乐是一种生活的尺度,能反映我们生活的品质,丈量我们对生活的热爱程度。一位心理学家曾说:"快乐是一种善待自己的能力,不管你目前的生活境况怎样,你都应该让自己保持快乐的心情。"很多人之所以不能获得快乐,是因为他们把注意力集中在了令人沮丧和痛苦的事情上。

快乐的心情有利于改善生活状态,提高生活品质。可能你对新的环境还不是很熟悉,可能你的人际关系并不是非常和谐,可能你目前的生活也不是那么令人满意……那么,你应该想办法让自己快乐起来，让快乐成为自己的一种优势、一种习惯。这样，你就能以乐观的态度去面对一切，就会变得热情友好、积极主动、豁达开朗起来。

快乐是幸福的基础，但快乐不同于兴奋。英国的一位作家说过："快乐是一种礼物，创造了绝大多数积极的生活。兴奋则来自于不计后果的狂欢，让人忘记了生活本身。"

对每个人来说，快乐是一种权利，也是一种义务。

每个人都有让自己快乐的理由，但我们总认为自己没有资格快乐，或者还没有达到应该快乐的程度。很多人常常怀着这样的心理"如果……的话，我就会非常快乐，但是……"其实，快乐是每个人最基本的权利和义务，不论你是富有还是贫穷，是成功还是失败。如果快乐要等到实现某个目标之后才能实现，那么你永远享受不到真正的快乐。因为不论你的目标是金钱、职位或是爱情，当你实现目前的目标之后，你马上会发现下一个目标，所以你根本不可能快乐，你的烦恼反而会增加。

快乐是等不来的，生活本身就是一系列问题，如果你想要快乐，你就快乐吧，不要"有条件"的快乐，而要把快乐当成自己的一种心理性格。

幸福其实很简单

幸福的生活是所有人的梦想，是需要我们用一辈子去追求的东西。可以说，绝大多数人每天都在为获得幸福而努力。但幸福究竟是什么？怎样才能得到真正的幸福？至今，仍旧没有一个人能给出一个明确的答案。

一名青年总是埋怨自己时运不济，生活不幸福，终日愁眉不展。

有一天，一个须发俱白的老人走过来问他："年轻人，干吗不高兴？"

"我不明白我为什么老是这样穷！"

"穷？我看你很富有嘛！"老人由衷地说。

"这从何说起？"年轻人问。

老人没回答，反问道："假如今天我折断了你的一根手指，给你100元，你干不干？"

"不干。"

"假如让你马上变成90岁的老人，给你100万元，你干不干？"

"不干。"

"假如让你马上死掉,给你1000万元,你干不干?"

"不干。"

"这就对了,你身上的钱已经超过1000万了呀!"老人说完笑吟吟地走了。

据专家说,只有大约15%的幸福与收入、财产或其他财政因素有关,而85%的幸福则来自诸如生活态度、自我控制以及人际关系等因素。

在很多人的眼中,幸福是非常虚幻、非常复杂、非常难得的东西,但实际上并非这样。幸福其实是一种谁都可以拥有的东西,是非常现实、非常简单的。简单才是幸福的本质。

现代社会中,大多数人都认为,拥有更多的金钱能让自己过得更加快乐和幸福,因为金钱可以换来权利、名誉及奢侈的享受等,这些能让他们的欲望在一定程度上得到满足。也有人认为,爱情、婚姻和家庭会令他们获得幸福,他们坚信幸福必须要靠自己去争取。还有人认为,他们的幸福和快乐在于阅读书籍、旅游休闲等,因为做这些事会让他们忘记心中的忧愁和烦恼,但事实却常常与我们的想法背道而驰。很多时候,当我们真正得到自己梦寐以求的东西,本以为可以获得快乐和幸福时,心灵却又被一些新的东西所占据,将我们还未获得的幸福和快乐驱赶开去。

人们通常认为,自己的需求得到满足就是幸福,但事实往往并非这样。因为需求常常会转变为欲望,而欲望则是一个永远也填不平的黑洞。哲学家苏格拉底说:"当我们为奢侈的生活而疲于奔波的时候,幸福的生活已经离我们越来越远了。幸福的生活往往很简单，比如最好的房间就是必须的物品一个也不少，没用的物品一个也不多。做人要知足，做事要知不足，做学问要不知足。"

麦瑞原先每天下班后不是在茶馆谈事，就是在酒吧和朋友一起happy。在这些应酬中，麦瑞的确也得到了一些机会，但折腾了几年后，麦瑞发现这些事情非常耗费她的时间和精力，而且挣的外快也几乎都用于应酬了，所剩无几，唯一留下的是给不到30岁的她的眼角添了几丝操劳过度的鱼尾纹。

麦瑞终于大彻大悟，从此放弃了很多从前很看重的机会，每天下班后就按自己喜欢的方式去生活。下班后一个人回到家，洗一个舒服的热水澡，然后坐在沙发上，听着音乐，看看杂志。麦瑞说："工作过后我们需要一个可以让自己松弛的方法。"

幸福的生活可以很简单，不需要华丽的物质，只需要有自己喜欢的人、有自己喜欢的东西即可。享受生活并不等于享受物质，重要的是要了解自己的需要。

有些人整天说自己不快乐，不幸福，却不知道是什么原因造成的。其实，很多时候，人之所以不幸福，并不是因为幸福的条件不具备，而是因为活得还不够简单。

幸福其实也是一种态度，只要你拥有正确积极的态度，随时都能得到它。所以说，一个人要想获得幸福和快乐，首先要树立正确的态度，培养良好的品质。

不要总是抱怨你的生活如何不幸福、不快乐，其实幸福与不幸福完全取决于你自己，取决于你的思想、你的态度、你的动机以及你最终的行动。

幸福是一种精神状态，它与物质的拥有量并没有多大关系。真正的幸福是非常简单的，只要你的内心能与周围的一切保持和谐的关系，你就能获得幸福和快乐。

幸福其实可以很简单，也许是饥饿时的一餐饭，也许是孤独时的一声问候，也许是离家时的一个牵挂。其实在生活中，幸福无处不在，无时不有。只要你的欲望不要太高，只要你对生活不要总是抱怨，只要你懂得珍惜，只要你懂得感恩，只要你用心去体会，幸福就会时时伴随在你的身边！

常让自己感动自己

宽容是开启幸福之门的钥匙

在我们的一生中，常常因一件小事、一句不经意的话，使人不理解或不被信任，但不要苛求他人，以律人之心律己，以恕己之心恕人，这是宽容，正所谓"己所不欲，勿施于人"。而面对别人的小小的过失，给予包涵、谅解，这更能体现出做人的宽容。

大地之所以广阔无垠、生长万物，是因为大地能够敞开宽容的胸怀，让春夏秋冬自由来去，让季节的画笔自由涂抹。宽容是一种胸怀，"海阔凭鱼跃，天高任鸟飞。"这便是宽容的空间。

宽容不是牢骚，但容得下牢骚。"牢骚太盛防肠断，风物长宜放眼量。"宽容不是嫉妒，但可以容得下嫉妒。嫉妒不是宽容，嫉妒使人变得卑劣。宽容不是懦弱，懦弱者不会宽容，懦弱者害怕外来势力，拒绝自我，排除异己。宽容不是忍让，忍让是无可奈何，忍让是一种苦痛，忍让是一种悲哀。宽容不是躲避，躲避现实者虚拟空门，宣扬物我皆空。

宽容是一种涵盖万物的力量。宽容"以静制动"、"以柔克刚，刚柔相济"。宽容的人以事实证明真理，能宽容者，能治天下。宽

83

容是智慧,宽容以宏观处世,身处一屋,谋及天下。宽容是高瞻远瞩,集思广益,运筹帷幄,决胜千里。宽容是进取,宽容是因为进取而不拘小节,斤斤计较不是宽容。水是宽容的,水能静止于被堵塞,水能以无形的方式越过堵塞。宽容是大度,宽容能容下人世间的酸甜苦辣,化解所有的恩怨是非。

宽容更是一种胸怀、一种睿智、一种乐观面对人生的勇气。它能驱散生活中的痛苦和眼泪,它能传播心灵的快乐和微笑。宽容盛产幽默,减少人生的沉重感,让人生充满快乐和欢笑。

宽容是治疗人生不如意的良药,是一种豁达,也是一种理解、一种尊重、一种修养,更是大智慧的象征,也是强者显示自信的表现。宽容是一种坦荡,可以无私无畏、无拘无束、无尘无染。

城里有一对冤家,一个叫加里曼,住在城的西头,是城里最有名的律师;一个叫理查德,住在城的东头,是城里最有名的法官。每当城里有什么案子,总是理查德负责审判,加里曼负责为人辩护。两人从来都是针尖对麦芒,你一言我一语,各不相让。长期下来,两人由于工作上的冲突逐渐演变成个人的恩怨,最后竟如同仇敌一般。

加里曼和理查德在乡下都有土地,而且紧挨着,纠纷不断。两人在城里又都有店铺,加里曼开的是药店,打着救人性命的旗号。而理查德开的是棺材铺,专门做死人的生意。两个人就如同前世的冤家,在今世又重逢。

有一天,海外的一艘商船路过这里。从船上传出这样一个消息,说在离这里9天路程的一个孤岛上,发现了一种新的树木,如果把它用做药材,能够使人起死回生。如果用它来做棺材,死人的尸体永不腐烂,而且面色红润,栩栩如生。加里曼和理查德都听说了这个消息,两个人惟恐对方先得到,纷纷赶往码头,准备出海去买这种树。结果两人几乎同时到达码头。可是,两个仇人说什么也不肯坐在一条船上,两个人便坐在码头上"打起了"心理战,盼望着把对方耗走。

就这样,从日出等到日落,两个人谁也不走,而且都吩咐仆人回家取来吃的、穿的,甚至连被褥都拿来,准备夜战。

从日落又等到日出,两个人熬了整整一夜。眼看着码头上出海的船只越来越少,最后只剩下一条小船,两个人对望了一眼,无奈地登上这只小船。加里曼坐在船头,理查德坐在船尾,互不干扰。

小船起航了,驶向神秘的孤岛。小船行驶到第三天,海上起了大风暴,狂风裹着巨浪排山倒海般地向小船袭来。这汪洋里的一叶孤舟眼看就要倾覆了。这时,加里曼问水手,船的哪一头先沉,水手回答说,是船尾。加里曼兴奋地说:"我将看到我的仇人比我先死,死亡对我来说就没有什么痛苦了。"

而此刻,理查德也在问船尾的水手,船的哪一头先沉,那里的水手告诉他,船头先沉。

理查德高兴地说:"如果能够看到我的仇人比我先死,我就不后悔出这趟海。"

两个人正说着,一个巨浪打来,小船骤然翻了过来,加里曼和理查德双双落入汪洋大海之中。

因为两个人的不宽容,最终他们都付出了生命的代价。假如他们能够宽容对方,同舟共济,最后的结果可能完全不一样了。

85

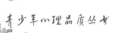
宽容是一种幸福，我们饶恕别人，不但给了别人机会，取得了别人的信任和尊敬，我们也能够与他人和睦相处。宽容，是一种看不见的幸福。

宽容更是一种财富，拥有宽容，也是拥有一颗善良、真诚的心。这是易于拥有的一笔财富，它在时间推移中升值，它会把精神转化为物质，选择了宽容，其实便赢得了财富。

宽容，是一种高尚的美德。"相逢一笑泯恩仇"是宽容的最高境界。事实上这一美德做得到的人并不多，即使如此，我们也不应放弃这种追求，因为舍去对别人过失的怨恨，以宽容的心态对人、以宽阔胸怀回报社会，是一种利人利己、有益社会的良性循环。屠格涅夫曾说："生活过而不会宽容别人的人，是不配受到别人的宽容的。"所以，当你宽容了别人，在自己有过失或错误的时候也往往能得到他人的宽容。

宽容，对人对己都可以成为一种无需投资就能够获得的精神补品。宽容不仅有益于身心健康，而且可以赢得友谊，保持家庭和睦，婚姻美满，乃至事业成功。因此，在日常生活中，无论对子女、配偶、老人、领导、同事、顾客、朋友乃至于陌路人，都要有一颗宽容的爱心。宽容绝不是面对现实的无可奈何，也不是软弱，而是一种智慧的生存方法，它可以改变你的心态，快乐地生活。

我们生活在这个世界上，走出家门，走向社会，总会与无数的人打交道。我们要在一起工作，一起学习，彼此不同，但是每个人都有自己的优点和缺点，坦然面对自己和他人的长短，不必去批评责难，也不必相互排斥，更不要轻易地怀疑别人。只有这样我们才能和平共处，才能做一个宽容别人的人，才是一个真正的君子。

法国的雨果曾经感叹过："世界上最宽广的是海洋，比海洋更宽广的是天空，而比天空更宽广的是人的胸怀。"是的，这个世界并不大，用心就可以度量。曾有句话说："宰相肚子能撑船。"经常笑眯眯的大肚弥勒佛为何整天笑口常开，不正是因为他能宽容地看待人间万千的不平之事吗?法国有法国宽容的浪漫，中国有中国宽容的实在，宽容是没有国家、民族、语言和文明的界限的。宽容是连接人与人之间关系的感情纽带，是盛开在这个美丽的地球上的品德之花。

宽容是一种高雅的修养，一种崇高的境界。宽容别人对我们来说并不容易，关键要看自己心灵进行如何选择。佛经言："一念境转。"如果我们选择了仇恨，那么我们以后的余生将在黑暗中度过。因为如果时时刻刻想着如何去报复对方，就会整日心事重重，内心极端压抑，哪里还会有开心可言。反之，如果我们选择了宽容，从此舍掉仇恨的包袱，赠以对方一个甜美的微笑，这样一来，对方将会把阳光洒向大地，而我们也收获了一份心灵的感动，或许我们还会多了一位人生路途中的知心好友。一个人心胸豁达，才能纵横驰骋。若纠缠于无谓的鸡虫之争，则终日不得安宁。唯有对世事时时保持心平气和、宽容大度，才能处处契机应缘、和谐圆满。

宽容是一种智慧，一种气度。世上永远没有不长杂草的花园，人与人之间总会有各种各样的摩擦。有杂草我们要学会整除，有摩擦我们要学会调和。试想糖是甜的，盐是咸的，它们是我们生活中味道的正反两极，如果我们在味道上加以巧妙的调和，

87

就能调出人间绝妙的美味。人际关系也正是在宽容的调和下,才显示出生活的和谐与美好。

"金无足赤,人无完人。"每个人都不可能完美无缺,马有失蹄的时候,人也有犯错误的时候。原谅别人的错误,并帮助他认识到自己的错误,这才是聪明之举,才能获得别人的真心诚意。中国是一个文明古国,历来都是以宽容闻名于世界,"退一步海阔天空,让三分心平气和。""大海不拒细流,故能成其大;泰山不辞掊土,故能成其高。"孔子说:"君子坦荡荡,小人长戚戚。"君子的风范就是能有容天下不平的肚量,能有一种宽阔的胸怀。历史上有多少名门将士,他们都有宽容的气度。唐太宗宽容了魏征,成就了"贞观之治"的盛世;蔺相如宽容了廉颇,成就了一段"将相和"的千古佳话;鲍叔牙宽容了管仲,成就了"九合诸侯,一匡天下"的壮举。可见,宽容不仅能使我们生活得更安定和谐,还可以促进国家的繁荣发展。

宽容是人类的一种美德。追求真善美是人类的特性与本能,世界是美和丑并存的整体,如果我们不能用善良、忍耐和宽容的心情来包容这个世界,这个世界将永远充满忧伤和哀叹,快乐从哪里来,幸福为何离我们远去,也许你永远都不会明白。当一只脚踩到了紫罗兰的花瓣上,我们的鞋底却留有花的香味,这就是宽容的最好诠释。要想赢得别人的宽容,自己首先就要能宽容别人。有人说过这样一句话:"谁若想在困厄时得到援助,就应在平时待人以宽。"就是说,相容接纳、团结更多的人,在顺利的时候共奋斗,在困难的时候同患难,进而增加成功的力量,创造更多的成功机会。

学会宽容不仅健全了自己的人格，还提升了自己的思想境界。学会宽容，少了一分忧伤，多了一分快乐；学会宽容，少了一分仇恨，多了一分善良；学会宽容，少了一分忌妒，多了一分真诚；学会宽容，少了一分霸道，多了一分祥和；学会宽容，少了一些纷争，多了一分友爱。实际上，学会宽容，就是一个不断学会超越自我，超越执著的过程，当我们愈能宽容，我们就愈能净化自己，使自己愈趋向光明的升华。

学会宽容，让我们拥有更多的朋友，让我们的生活更愉快，让我们的人生路途上铺满鲜花，洒下一路的欢歌笑语，诗情画意将会永远伴我们走向幸福的彼岸！

学会宽容，就不要再苛求别人。"水至清则无鱼，人至察则无友。"桃园三结义一向为世人称道，但三人却各有缺点：刘备动不动就掉眼泪，缺乏男子汉气概；关羽骄傲自大，刚愎自用；张飞鲁莽暴躁，常常误事。但这些缺点却并没有妨碍三人义结金兰，他们以宽容之心相互包容，最终创下一番事业。如果我们换一个角度看待别人，他的许多缺点就变成了优点。比如一个人吝啬，换个角度就是节俭；一个人很固执，说明他信念坚定，而好发脾气则是感情丰富的表现。

学会宽容，就学会一种有益的做人责任，就学会一种良好的做人方法。生活中宽容的力量巨大。批评会让人不服，谩骂会让人厌恶，羞辱会让人恼火，威胁会让人愤怒。唯有宽容让人无法躲避，无法退却，无法阻挡，无法反抗。周总理以其容纳天地的博大胸怀，在外交上奉行"求同存异、和平共处"方针，造就了他伟大的人格，树立了中华民族的大国风范。同样，邻里间团结和睦需要宽容，夫妻间白头偕老离不开宽容，一个健康文明进步的社会处处离不开宽容。假如没有了宽容，则国与国之间会兵戎相见，人与人之间会拳脚相加，社会将因此变得黯然。

智慧艺术告诉我们，宽容就是一门艺术，一门做人的艺术，宽容精神是一切事物中最伟大的行为。宽容是人类文明的唯一考核标准。"宽以济猛，猛以济宽，宽猛相济"、"治国之道，在于宽猛得中"，古人以此作为治国之道，表明宽容在社会中所起的重要作用。宽容，是自我思想品质的一种进步，也是自身修养和处世素质与处世方式的一种进步。其实，生活之中需要的只是一颗宽容之心。即便是珍惜也是一种宽容，这是对时间的宽容。因为你无法左右时间的流逝，自然你也无法左右值得你珍惜的东西的消逝，你唯一能做的就是宽容时间的残忍，把握住现在的每一刻。多一些宽容，人们的生命就会多一份空间；多一份爱心，人们的生活就会多一份温暖、一份阳光。当你用宽容换来自己内心的豁达，用宽容换来敌人的微笑。你难道不是把最好的留给了自己吗？

因此，宽容是一种有益的生活态度，是一种君子之风。学会宽容，就会善于发现事物的美好，感受生活的美丽，就让我们以坦荡的心境、开阔的胸怀来应对生活，让原本平淡、烦躁、激愤的生活散发出迷人的光彩。

知足者常乐

什么是幸福？幸福是一种感觉,而且是一种快乐的感觉。我们只要用心去感受,幸福就在我们的身边。想要幸福的生活很简单,那就是学会知足。

在我们的一生中, 我们总是觉得:"得不到的东西总是最好的。"那是我们无法满足欲望的无奈,也是注定无法拥有的遗憾。生活在浮躁烦嚣的社会中, 只有知足的人才会体会到幸福与快乐的真谛,发现人生的价值。

知足,是一种成功做人的艺术。一旦说起"知足"一词,有些人便会认为那是人的惰性流露,其实不然。人生常常是无奈的,有时候会被迫置身于极不情愿的生活境遇里, 甚至会落到万念俱灰的地步, 但是一旦他能想到自己还有幸拥有一个可爱的人生,便又知足地笑起来:"留得青山在,不怕没柴烧。"知足是我们在深刻理解生活真相之后的必然选择。

追求幸福是人性之一,每个人都希望自己生活得快乐一些。有人说,人生来是痛苦的,也正因为这些痛苦,追求幸福才是我们努力的一个方向。人生活的根本目的归根到底是为了"幸福"二字,成功的事业、富足的家产、自我的实现等,都是为了最终的幸福。

德国哲学家叔本华说过这样的话:"我们很少去想已经有的东西,但却念念不忘得不到的东西。"这句话是多少人心灵的写照!

一天,帝尧听说了许由的贤明,就要把掌管天下的权力让给他。尧找到许由,对他说:"太阳和月亮出来了,手里拿的小火把还不熄灭,它和太阳或月亮的光相比,不是太没有意思了吗!天上下了及时雨,还要去提水灌溉农田,这对于润泽禾苗,不是徒劳吗! 先生如果立为天子,一定会把天下治理得很好,可是我还占着这个君位,很觉得惭愧,请允许我把天下奉还给先生。"

许由答道:"你当君王治天下,已经治理得很好了,我若再来代替你,我不是在追求名吗?名是实的影子,我这样做,不是成了影子吗? 鹪鹩在深林里做窝,不过是占一根树枝;鼹鼠喝大河里的水,最多只能是喝饱肚子。算了吧,我的君王啊,你请回吧。这就像厨师是不能做祭祀用的饭菜的, 掌管祭奠的人也决不能越位来代替厨师的工作啊。"

正如许由所说,在社会这个大家庭中,每个人都有自己的位置和相应的生活,也应该像鹪鹩、鼹鼠一样知足,但是现实生活中,这样的人却寥寥无几。有的人叹息自己贫穷,有的人叹息自己无能, 有的人叹息自己不够美貌……我们总是期待得到那些我们没有的财富,觉得没有那些就不幸福,然而却总忽视我们本身所拥有的。

美国某个小镇上的一位已过了耄耋之年的老人曾经非常自豪地说："我是这个小镇上最富有的人。"

不久,这句话传到了镇上的税务稽查人员的耳朵里。稽查员的职业敏感使他们在第一时间登门拜访了这位老人。他们开门见山地问:"我们听说,您自称是最富有的人,是吗?"

老人毫不犹豫地点了点头:"是的,我想是这样。"

稽查员一听,便从公文包里拿出笔和登记簿,继续问道:"既然如此,您能具体说一说您所拥有的财富吗?"

老人兴奋地说道:"当然可以了。我最大的财富就是我健康的身体,你别看我已经90多岁了,但我能吃能走,还能做点力气活,我不用经常去医院,就是在变相地省钱和赚钱。"

稽查员有些吃惊,仍然耐心地问:"那么,您还有其他的财富吗?"

"当然,我还有一个贤惠温柔的妻子,"老人一脸幸福地说着,"我们生活在一起将近60年了。另外,我还有好几个很孝顺的子孙,他们都很健康,也很能干,这也我的财富。"

稽查员再次耐着性子继续问:"还有其他的吗?"

"我还是个堂堂正正的国民,享有宝贵的公民权,这也是个不容否认的财富。还有,我有一群好朋友,还有……"

稽查员有点不耐烦了,单刀直入地问:"我们最想知道的是,您有没有银行存款、有价证券或是固定资产?"

老人十分干脆地回答:"这些完全没有。"

稽查员又问:"您确定没有吗?"

老人诚恳地回答:"我发誓,肯定没有。除了刚才我说的那些

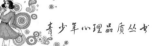

财富,其他我什么也没有。"

稽查员收起登记簿,肃然起敬地说:"确实如你所言,您是我们这个镇上最富有的人。而且,您的财富谁也拿不走,连政府也不能收取您的财产税。"

看了老人的故事,你有何感想?人生来就要追求幸福,生来便具有各种欲望,这些需要和欲望应该是得到满足的,而一旦得不到满足时,人的需要便产生了匮乏,也产生了痛苦。痛苦是没有止境的,因为人的欲望是无止境的。那么,我们是不是永远也不会快乐地生活呢?答案是否定的,尽管人的欲望无穷,只要我们能知足,便能常乐,便会幸福。

幸福是什么?人与人不同,所以感受也就不同,100个人就会有100种不同的感受,说出100个不同的答案。然而,事实上,幸福就是健康、快乐地活着。

可是这个世界总是这样,人们互相羡慕,甚至互相攀比。我们忘记了孩童时只有一个玩具也能玩得喜上眉梢的感觉,我们不再珍惜自己拥有的,我们有了各种各样的欲望,我们看不到自己的,却时时刻刻羡慕别人的一切。下面这则故事可能会让你感悟更多的生活内涵。

在河的两岸,分别住着一个和尚与一个农夫。

和尚每天看着农夫日出而作,日落而息,生活看起来非常充实,令他相当羡慕。而农夫也在对岸看见和尚每天都是无忧无虑地诵经、敲钟,生活十分轻松,令他非常向往。因此,在他们的心中产生了一个共同念头:"真想到对岸去! 换个新生活!"

有一天,他们碰巧见面了,两人商谈一番,达成了交换身份的协议:农夫变成和尚,而和尚则变成农夫。

当农夫来到和尚的生活环境后,这才发现,和尚的日子一点也不好过。那种敲钟、诵经的工作,看起来很悠闲,事实上却非常烦琐,每个步骤都不能遗漏。更重要的是,僧侣刻板单调的生活非常枯燥乏味,虽然悠闲,却让他觉得无所适从。

于是,成为和尚的农夫,每天敲钟、诵经之余都坐在岸边,羡慕地看着在彼岸快乐工作的其他农夫。

至于做了农夫的和尚,重返尘世后,痛苦比农夫还要多,面对俗世的烦忧、辛劳与困惑,他非常怀念当和尚的日子。

因而他也和农夫一样,每天坐在岸边,羡慕地看着对岸步履缓慢的其他和尚,并静静地聆听彼岸传来的诵经声。

这时,在他们的心中,同时响起了另一个声音:"回去吧!那里才是真正适合我们的生活!"

沉湎于羡慕别人的人往往都有这样的通病,看不到自己有的,只拿自己没有的与别人有的来攀比。殊不知,每个人都有自己独特的才能和生活方式。我们不必羡慕别人的笑容,那也许只是苦中作乐或是强颜欢笑。有的人薪金丰厚、月入数十万,却因劳累过度而患病;有人事业发达,情感路上却是坎坷难行……也许,只有懂得羡慕自己的人,才是真正值得羡慕的人。

所以说,每个人的生命,都被上苍划上了一道缺口,不可能有任何一个人能拥有一切,要相信上帝是公平的。在尘世喧嚣的社会里,只要自己淡泊名利,知足常乐,内心充满阳光,享受人间的精彩,你的生活,每天都会是幸福快乐的。

知足的人即满足于自我的人,知足者能认识到无止境的欲

95

望和痛苦,于是就干脆压抑一些无法实现的欲望,这样虽然看起来比较残忍,但它却减少了更多的痛苦。古人的"布衣桑饭,可乐终身"是不如意中的如意,沈复所言"老天待我至为厚矣"是知足常乐的真情实感。你要懂得,知足或不知足都不是生活的目的。

只有经常知足,在自我能达到的范围之内去要求自己,而不是刻意去勉强自己,才能心平气和地去享受独特的人生。做人的要务是寻找生活本身的幸福和快乐,而不是去计较这种生活究竟是"贫民窟"还是"富贵乡"。知足如果能够幸福常乐,则不妨选择知足。

给生活一个笑脸

面对短暂的人生,我们每一个人都要学会面对磨难,不要错过人生的失意时刻,也许当生命之神把我们抛入人生谷底的时候,也正是我们人生腾飞的最佳时节的前奏。适度调整自己的心态,学会走出人生的低谷,也许出现在我们面前的,就是一片湛蓝的天空。

人生不必背负太多的责任,不必太在乎别人的想法,只要放开胸怀做自己。学会善待自己吧,命运掌握在我们自己的手中,以怎样的心态去面对生活,我们就将获得怎样的命运。开心、自在地活着就好。

给生活一个笑脸,给自己一个安慰。

生命是多彩的,它对每个人都是平等的,关键是看你如何把握生活,享受生命。用微笑来面对生活,即使在寒冷的冬天也会感到生活的温暖,漆黑的午夜也会看到希望的曙光。用微笑来面对生活,用微笑来面对每个人、每件事,你就会感受到阳光灿烂,迎接你的必定是一路的鸟语花香。如果生命没有给予你完美与

幸福,那你更要以笑容来面对。

美国著名歌唱家卡丝·戴莉有一个动人的歌喉,唱起歌来婉转美妙,像百灵鸟一样,但她却长着一口龅牙,十分难看。她在参加歌唱比赛时,总是顾及自己难看的龅牙,尽力避免将口张得太开,一方面要放声歌唱,一方面又要极力掩饰自己的缺点,所以她的表演总是失败,几乎每次参赛都是如此,她渐渐对自己感到绝望了。只有一个评委发现了她的歌唱天赋,告诉她:"你有唱歌的天赋,你会取得成功,但你必须忘掉自己的龅牙。"在这位评委的帮助下,卡丝·戴莉渐渐走出自己的心理阴影,终于在一次全国性的大赛中,以极富个性化的演唱倾倒了观众,征服了评委,从而脱颖而出。

生活,需要你用心理解,用心感悟。在某一时刻,尽早地发现它的真实,在拥有平和的心境、合理的思维的同时,给它以微笑,你就很容易越过障碍,注视将来。

生活,就是一架天平,在那上面衡量善与恶。生活,就是有正义感、有真理、有理智,就是始终不渝、诚实不欺、表里如一、心智纯正,并且对权利与义务同等重视。生活,就是知道自己的价值,自己所能做到的与自己所应该做到的。现实生活中的人,特别是对于二十几岁的年轻人,在不能懂得生活的真谛时,把握好自己的人生,给自己以鼓励和宽慰,积极地行走在艰辛的生活路上,幸福的口子就会越开越大。

生活给予你的很少有尽如人意的地方。不是因为生活对你的刻薄,而是你很难找到一个合适的基点,来比较命运的公平与否。

任何一个人,在来到这个世界上的时候,他的容貌是无法选择的,就像我们无法选择自己出生的国度、家庭、父母一样。也许,你长得并不够漂亮和帅气,但你不应该自卑。我们不能选择容貌,但可展现笑容,让生活拥有一抹亮色。

每天给自己一点自信

　　你想得到的结果可能太耗时间和精力，以至于每天都无法完成。每天所产生的结果应当和更长的时间分配相统一。在作计划时，你要加进一种检测你进展情况的方法。每天完成自己所设定的目标，便会每天都积累一点成就感，这样每天就会给自己一点自信。信心会随着每天任务的完成而在不知不觉中增长。

　　拿破仑·希尔曾经说过："为了目标的顺利实现，最好能够把目标化成每天要完成的任务。"把目标化成每天要完成的任务的好处在于你每天的努力比起整个过程要容易得多。当希尔想写一本书时，光是想到300页原稿堆在桌上的情形就让人感到害怕。但当他制定一个每天写10~15页的计划后，任务就做得合情合理了。当整个项目是如此之庞大以至于吓坏你时，要赶快把注意力转向易于处理的日常事物。

　　一天做一点，绝不像整个过程那么恐怖，但也要小心谨慎。正因为把计划分割成细小的、易于消化的部分，所以不要轻率地对待每天的任务，致使自己变得松懈。写一本书时，可以设想到很容易三天打鱼，两天晒网，直到后来不得不每天写50页，以免超过最后期限。

把你的梦想放在脑袋里是没用的。关键是你一定要把每个目标都写下来，把目标写在纸上能使目标得到更多的关注和努力。你的目标所包含的第一部分应当是时间分配。你预计要用多长时间才达到目标——短期、中期或长期？把你的目标列在纸上，包含预期时间，把你的思考集中于达到目标所需的任务，而非去想目标是多么难以达到。你也可以把你的预期目标绘成一幅画，只要你把你的文字目标和时间表也贴在它的旁边。

接着把短期、中期或长期的时间分配再细分为每人需要的时间，由此制定一个时间表。如果每天要做得太多而且不合理，你就必须使总的时间安排长一些。如果没办法在所标明的时间内完成目标时，你也可以多加一些时间，但每次无法完成任务都会带来失望，导致下一次就会变得更难。

从一开始，每天所取得的成就必须被看成是总体目标的一部分。无论你在做什么，你总是为某一理由而做，这就是为何你在第一步写下目标的原因。你的努力应当产生这样一种激情：它就是你在开始投入目标时所感受到的那种激情。

做自己的主人

你不是宇宙的主宰，但你是自己的主宰。

你已经认识了你自己，深刻地了解了你自己。你就应该喜欢你自己，接纳自己的一切，进而将自己最好的一面呈现出来。你就是你，世上不会有第二个你。只要你够坦然地说："我就是这样的人。"这就够好了。然后掌握好自己，发挥好自己，做自己的主宰。

弗洛伊德·威廉斯12年来一直担任位于北卡罗来纳州的SAS研究所的中心主任。他曾说过："在我们这里只有一个规则，那就是例外。"他本人是一位资深的IT专业人才，12年前从另一家公司跳到该公司。

"我为什么离职？在很多其他的公司里，我只不过是一个号码。"这是他2001年1月接受美国《财富》杂志采访时所说的话。该杂志每年都要公布一份"美国最适宜工作的100家公司"的问卷调查报告。在报告中你会发现，像西北航空、思科这样的一些企业经常排在20名以后。其实，比排名更重要的是原因，为什么人们不喜欢在这些公司工作呢？

　　一个SAS公司员工的回答是最好的诠释："在这里我是一个完整的个体，领导重视我的个人感受和需求。"

　　你看到了，做自己的主宰，这是一个新趋势。在西方社会，做自己的主宰已经是至高无上的价值观。

　　许多人会主动改善自己所处的环境，却没有想到要完善自我，于是他们的环境仍然没有改变。那些勇于接受命运考验的人，总是做自己思想和行动的主宰，从而实现自己心中的目标，这个道理放之四海而皆准。正像歌德所说："谁要游戏人生，他就一事无成，谁不能主宰自己，永远是一个奴隶。"做自己的主人吧。

人生指南针

给自己一个目标，给自己一份充实。让理想来塑造你的形象，把烦恼开除。

没有目标的人生是空虚而没落的，烦恼将不约而至。有了目标，人生才有真意。拥有目标并为之奋斗，让生活充满充实的感觉，是真正的快乐之道。让自己充实起来，为自己设定一个目标，在目标的激励下不断拓展自己的视野，提高自己的能力，从而进一步提高自己的价值。

有一天，古希腊哲学之祖泰勒斯的弟子问了他这么一个问题。

"老师，人生最难的事是什么?"

"人生最难的事是了解自己。"

"那么最简单的事又是什么呢?"

"人生最简单的事就是给别人提意见。"

"那人生最快乐的事呢?"

"人生最快乐的事就是拥有自己的目标，并且把它完成。"

为了了解人是一种什么样的动物，有人做了以下的心理实验。他们召集了一百个左右辛勤工作的人，并把他们分成两组。他们告诉第一组的人说："从今天起一个月内，你们可以尽情地做你们喜欢做的事，我们会全力支持的。"于是他们吃喝玩乐，样样应有尽有。而他们对第二组的人则说："希望你们每天按原来的作息行动。"于是这组人除了是在做实验以外，他们的生活几乎和往常都一样。不用说，第二组的人一定相当羡慕第一组的人。可是过了一个月之后，结果变成怎么样呢？

第二组人的日常生活以及生活意识和实验前一样。换句话说，他们还和以前一样偶尔发发牢骚，不过仍然辛勤地工作着，空闲时就去从事一些休闲活动。相反的，第一组人的结果却相当出人意外。

刚开始他们尽情地玩乐，因为他们要什么就有什么，世界上再没有什么比这个更令人高兴的事了。然而，过了不久之后，他们慢慢地不知道自己到底想要做些什么，然后索性就睡个一整天。

当人生有目标的时候，你会觉得每天都朝气蓬勃，因为努力去完成自己的心愿是人生最大的乐事。如果凡事不用努力就垂手可得的话，人将无所事事，所以说有自己想追求的目标是一件好事。假使只像第一组人的生活，人生将会过得相当的无趣。没有目标，人很容易在芸芸众生中失去自己。

有了目标，人生就变得充满意义，一切似乎清晰、明朗地摆在你的面前。什么是应当去做的，什么是不应当去做的，为什么而做，为谁而做，所有的要素都是那么明显而清晰。

德国法兰克福的钳工汉斯·季默，从小便迷上音乐，他的心

中自然就有这样一张"人生指南针"——做一名音乐大师，尽管买不起昂贵的钢琴就自己用纸板制作模拟黑白键盘，由于他苦练贝多芬的《命运交响曲》，竟把十指磨出了老茧。后来，他用作曲挣来的稿费买了架"老爷"钢琴，有了钢琴的他如虎添翼，并最后成为好莱坞电影音乐的主创人员。

他作曲时走火入魔，时常忘了与恋人的约会，惹得许多女孩骂他是"音乐白痴"、"神经病"。婚后，他帮妻子蒸的饭经常变成"红烧大米"。有一次他煮牛肉面，边煮边用粉笔在地板上写曲子，结果是面条煮成了粥。妻子对他很客气，不急不怒，只是罚他把糊粥全部喝掉，剩一口就"离婚"。

他不论走路或乘地铁，总忘不了在本子上记下即兴的乐句，当作创作新曲的素材。有时他从梦中醒来，打着手电筒写曲子。汉斯·季默在第67届奥斯卡颁奖大会上，以闻名于世的动画片《狮子王》荣获最佳音乐奖。这天，也是他的37岁生日。

我们羡慕那些成功人士所获得的鲜花、掌声，却常常忽略了在这些成功背后的艰辛。我们出生时条件并不重要，重要的是拥有去争取一切我们想要的东西——"人生指南针"。

一个人想要过一个理想完满的人生，就必须先拟定一个清晰、明确的"人生指南针"。

所谓"人生指南针"，就是指人生的目标与理想，而为了达到这个目标，就必须运用合理而有效的克服危机"战术"——为了实现"指南针"而采用的手段。

快乐是人生最重要的事情

我们每个人的快乐与痛苦都不是因为事情本身，而是我们看问题的态度。就像英国哲学家弥尔顿说的："意识本身可以把地狱造就成天堂，也能把天堂折腾成地狱。"佛法也有"一切唯心造"的类似观点。佛家认为一切烦恼，皆由心生；一切痛苦，皆由心受；一切善恶，皆由心起。为什么有些人依靠领救济，甚至街头要钱度日却整天乐呵呵？为什么有些人事事顺意，却仍然郁郁寡欢。天堂与地狱，其实就在我们自己心中，就看我们如何选择。

国学大师启功先生生前十分善于自己找乐子，他找乐子的方法就是跟孩子们相处。只要见到孩子们，他自己也变成了老顽童。不是摸摸孩子的头，就是抱起孩子亲，再就弹小脑壳儿，孩子叫他一声"爷爷"，他就高兴得合不上嘴。他还喜欢把孩子逗笑，因为他认为"听小孩笑是最美的音乐"。

驰名海外的文学大师钱钟书先生，生前也有着童心童趣。他爱看儿童动画片，爱看电视剧《西游记》。还喜欢玩一种叫"石屋里的和尚"的游戏，就是一个人盘腿坐在帐子里，放下帐门，披着一条被单,自言自语。这似乎没什么好玩,但钱钟书却能自得其乐,玩得很开心。他还喜欢临睡时在女儿的被窝里埋"地雷":把各种玩具、镜子、刷子,甚至是砚台或大把的毛笔一股脑儿埋进去,女儿惊叫,他大乐,这种游戏钱钟书百玩不厌。

让我们来算一笔账:人的一生,除去少不更事的少年时代,除去60岁以后的垂暮之年,人生只有40年的好光景,总计14600天。就是这不到15000天的时间里,还有三分之一的时间处在睡眠之中。剩下10000天的生命,不管你是高兴地过,还是痛苦地过,结果都一样。既然这样,我们还有什么理由不让自己快乐起来呢?

上帝和天使们召开了一个会议,上帝说:"我要人类在付出一番努力之后才能找到快乐,我们把人生快乐的秘密藏在什么地方比较好呢?

一位天使说:"把它藏在高山上,这样人类肯定很难发现,非得付出很多努力不可。"

上帝听了摇摇头。

另一位天使说:"把它藏在大海深处,人们一定发现不了。"

上帝听了还是摇摇头。

又有一位天使说:"我看还是把快乐的秘密藏在人类的心中比较好,因为人们总是向外去寻找自己的快乐,而从来没有人会想到自己身上去挖掘这快乐的秘密。"

上帝对这个答案非常满意。从此,这快乐的秘密就藏在了每个人的心中。

快乐是一种智慧。难得糊涂是快乐,笑对挫折是快乐,活得简单是快乐,身体健康是快乐,活出自己是快乐,获得成功是快乐,失去机会想得开,也会快乐。快乐能够给你一颗坦然的心、一个宽阔的视野、一个清醒的头脑,让人明白自己的生活状态。明白自己一生到底需要什么,明白真正的幸福是什么。

快乐其实很容易。人活一辈子,只有"快乐"两字让人最心动。快乐是一种生命的状态,是一种宁静的心情。

快乐是人生永恒的主题。人生没有快乐,就会痛不欲生,因此在生活中我们必须要乐在其中。快乐纯粹是内在的,它的产生不是由于事物,而是由于人们的观念、思想和态度。

有一个小和尚非常苦恼沮丧,禅师问他何故,他回答:"东街的大伯称我为大师,西巷的大婶骂我是秃驴,张家的阿哥赞我清心寡欲,四大皆空,李家的小姐却指责我色胆包天,凡心未了。究竟我算什么呢?"禅师笑而不语,指指身边的一块石头,又拿起面前的一盆花。小和尚恍然大悟。

其实,禅师的笑而不语,正是一语道破了生命的本义。他的意思是说,石块就是石块,花朵就是花朵,自己就是自己,根本不必因为别人的说三道四而烦恼,别人说的,由别人去说,那只是别人的看法而已。

生活就像一面镜子,你对它笑,它就对你笑;你对它哭,它就对你哭。任何的快乐都是自己找的,任何痛苦也都是自己找的。人之所以痛苦,不是追求错误的东西,而是没能领悟人生的真谛。如果你不给自己烦恼,别人也永远不可能给你烦恼。明白了这个道理,你的人生怎能不快乐。

有一个富翁背着许多金银财宝,到处去寻找快乐。可是走过了千山万水,也未能寻找到快乐,于是他沮丧地坐在山道旁。一个农夫背着一大捆柴草从山上走下来，富翁说："我是一个令人羡慕的富翁。请问，为何我没有快乐呢？"

农夫放下沉甸甸的柴草，舒心地擦着汗水说："快乐其实很容易，放下就是快乐呀。"富翁顿时开悟：自己背负那么重的珠宝，老怕被人抢，总怕别人暗害，整日忧心忡忡，快乐从何而来？于是富翁将珠宝、钱财接济穷人，专做善事，慈悲为怀，这样行善滋润了他的心灵，他也尝到了快乐的味道。

可见，快乐是自己去创造的。它不是别人可以送给你的，也不是用钱可以买得到，是靠自己用心地热爱生活，珍惜生命而体验出来的。假如自己不但善于寻找人生快乐的源泉，并且还能够使生活中快乐的源泉永远不枯竭，那么自己肯定能拥有幸福美好的人生。

人的一生，时间也就那么3万天左右，快乐过也是一天，郁闷过也是一天。因此，无论是为人处世，还是干工作过日子，都要时常保持一颗平常心，好运来了淡然一笑，麻烦来了平静面对，始终保持愉快的心情，才是无愧生命，无愧人生。想要拥有快乐其实很容易。快乐其实是一种习惯。林肯曾说过："你想要多快乐，你就能多快乐。"只要养成了快乐的习惯，我们就能与快乐常伴，生活就会充满阳光。

想要拥有快乐其实很简单，它来自快乐的交流和心灵的融洽，生活中越简单的事物越能给我们带来快乐和满足。只要你认真去体会，就会发现原来快乐就在身边。人生的追求中多一分淡泊，少一分名利就会快乐；多一分真情，少一分世俗就会快乐。正确看待自己拥有的就有快乐；少一些抱怨，就会多一些快乐，善于放下过去的不幸和荣耀，能够使自己经常快乐。

轻松地打开"快乐之门"

"你快乐吗?我很快乐。快乐其实也没有什么道理……"这首歌之所以会流传,就在于歌词中很明白地说出了一个人的快乐不必外求于人,更不需要有什么理由。

如果有人问你,你是否期望一年中的每一天都事事顺利、开开心心呢?你肯定会不住地点头。如果你真的能够把握自己的心境,获得快乐的感觉是易如反掌的事情。

有一位老太太生了两个女儿,大女儿嫁给了雨伞店的老板,小女儿嫁给了染坊的老板,正当所有人都十分羡慕老太太的好福气时,老太太却说自己整天忧心忡忡。因为每当晴天时,她生怕大女儿的雨伞卖不出去;遇上雨天,她又担心小女儿染好的布无法晾干。

最后,有个聪明人告诉老太太说:"老太太,您真是好福气啊。您看下雨天一到,您大女儿那里顾客盈门,生意好得不得了;晴天一到,小女儿那里也是生意兴隆。这样说,不管天气如何,您每天都会听到女儿们的好消息啊。"老太太听完后,猛然惊觉自

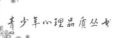

己过去真是糊涂了,怎么都没有想到这个道理呢?

事实上,生活往往都是如此。某些时候你觉得不幸,可能是因为你的眼睛只注意到不好的一面,而忽略了生活中的美好。如果你能够尝试着转换角度或者方向看待事物,那么,很有可能人生就会有另一种崭新的解读。

有人说,快乐不在于物质的多少,不在于你富裕的程度,而是在于你的心态。快乐是由内而外的一种感觉,这种感觉很容易给人以愉悦、兴奋,甚至是幸福的体验。

有一位年过百岁的长寿老人,每天都开开心心地过日子。有人问起他保持长寿和快乐的秘诀是什么,老人回答道:"其实没有什么秘诀,我们每一个人在每天早上都有两种选择,那就是我们今天要快乐还是不快乐,你猜猜我会选择什么?我每天都希望自己能够快乐地生活,而我也就真的会快乐起来了。"

因此,可以说,如果你的心选择快乐,那快乐就会像候鸟定期飞向南方一样来到你的身边。在生活中,你是否经常对生活中的人、事、物感到无趣?但是你怎么解决这些问题呢?人们经常抱怨生活没有意思,但是除了抱怨,他们却什么也没有做。要知道,抱怨别人、抱怨生活都无济于事,把握好自己的情绪,是善待自己的开始。

约翰是美国一位小有名气的学者,他经常四处讲学,结交朋友。这一天,他来拜访一位很久不见的老朋友。吃过午饭,他们在朋友家下面的一个小公园里散步。当他们坐在一个长凳上聊天时,一位身着西装的男士走过身边,钱夹不小心掉在地上,朋友看了便很有礼貌地捡起来递给那位男士,但那人接过钱夹后,没说"谢谢"就径直离去。

当那位男士走了以后,约翰说:"这家伙真没礼貌,是不是?"

朋友说:"没关系。"

约翰问:"那你怎么不生气呢?"

朋友回答说:"为什么要让他来影响我的行为、破坏我的心情呢?快乐的钥匙是掌握在自己手中的啊。"

其实,人生不如意之事十有八九。如果我们任由这些人和事来决定我们的情绪,我们就在不知不觉中把心中那把"快乐的钥匙"交给别人掌管了。作为一个寻求幸福的人,应该自己掌握快乐的钥匙,不仅不用奢求别人使自己快乐,而且还能将快乐与幸福带给别人。

在生活中,有太多的人极力想捕捉住快乐,但是却又不相信它垂手可得。这就好比我们忽视了自己脚边的鲜花,而拼命想去打造一个人造花园一样。其实我们只要停下追逐的脚步好好想一想,就会发现,我们体验到的快乐,不就是由身边许多小小的满足累积而成的吗?

拥有快乐的心情其实很容易,只要我们在日常生活里,随时发现人、事、物中令人愉快的地方,那么,即使你在生活中面临一连串的不幸,也可以随时转换心境,自我激励。

做一个不去生气的聪明人

不能生气的人是笨人,而不去生气的人才是聪明人。一个人必须学会自我调控,控制自我的感情和情绪。

一位曾在酒店行业摸爬滚打多年的老总说:"在经营饭店的过程中,几乎天天都会发生能把你气得半死的事。当我在经营饭店并为生计而必须与人打交道的时候,我心中总是牢记着两件事情。第一件是:绝不能让别人的劣势战胜你的优势。第二件是:每当事情出了差错,或者某人真的使你生气了,你不仅不要大发雷霆,而且还要十分镇静,这样做对你的身心健康是大有好处的。"

一位商界精英说:"在我与别人共同工作的一生中,多少学到了一些东西,其中之一就是,绝不要对一个人喊叫,除非他离得太远不喊听不见。即使那样,也得确保让他明白你为什么对他喊叫,对人喊叫在任何时候都是没有价值的,这是我一生的经验。喊叫只能制造不必要的烦恼。"

一个经理向全体职工宣布,从明天起谁也不许迟到,自己带头。第二天，经理睡过头，一起床就晚了。他十分沮丧，开车拼命奔向公司，连闯两次红灯，执照被扣，气喘吁吁地坐在自己的办公室。营销经理来了，他问："昨天那批货物是否发出去了？"营销经理说："还没来得及，今天马上发。"他一拍桌子，严厉训斥了营销经理。营销经理满肚子不愉快回到了自己的办公室。此时秘书进来了，他问昨天那份文件是否打印完了，秘书说没来得及，今天马上打。营销经理找到了出气的借口，严厉责骂了秘书。秘书忍气吞声一直到下班，回到家里，发现孩子躺在沙发中看电视，大骂孩子为什么不看书写作业。孩子带着极大的不高兴来到自己的房间，发现猫竟然趴在自己的地毯上，他把猫狠狠地踢了一脚。

这就是愤怒的链条，我们自己恐怕都有过类似的经历，这叫做"迁怒于人"。在单位被领导训斥了，工作遇到了不顺利，回家对着家人出气。在家同家人发生了不愉快，把家里的东西砸了，又把这种不愉快带到了工作单位，影响工作的正常进行。甚至在路上碰到了陌生人，自行车刮蹭了一下，就同别人发生了口角。更严重的是，发生不愉快之后开车发泄，其后果就更不堪设想了。

在我们的生活中，的确存在着这样一些人，他们爱发脾气，容易愤怒，稍不如意，便火冒三丈，发怒时极易丧失理智，轻则出言不逊，影响人际关系，重则伤人毁物，有时还会造成难以挽回的损失，事后让人追悔莫及。

115

保持一颗平常心

平常心是人生的一种修养,也是一种境界。古有范仲淹"不以物喜,不以己悲",今有李嘉诚先生的"好景时,绝不过分乐观;不好景时,也不过分悲观",这都是平常心的真实写照。

平常心源于对现实的清醒认识,追求的是沉静和安然,是洞悉人世之后的明智与平和,是用超然的心态看待苦乐年华,以平和的心境迎接一切挑战,奋斗之后得之不喜,失之不忧。当一个人拥有了一颗平常心。无论怎样的人生都将变得更加平静而从容。

清朝名臣谢济世,他一生四次被诬告,三次入狱,两次被罢官。一次充军,一次刑场陪斩,经历不可谓不坎坷。雍正四年(1726年),谢济世任浙江道监察御史。上任不到十天,便上疏弹劾河南巡抚田文镜营私负国,贪虐不法,列举田文镜十大罪状。因田文镜深获雍正倚重、宠信,谢济世的弹劾引起雍正不快,谢济世不看皇帝脸色行事,仍然坚持弹劾。

雍正认定谢济世是"听人指使,颠倒是非,扰乱国政,为国法

116

所不容",免去谢济世官职,下令大学士、九卿、科道会审。严刑拷打之下嶙虽然没有拿到证据,但仍然以"要结朋党"的罪名拟定斩首,后改为削官谪戍边陲。

经过漫长艰难的跋涉,谢济世与一同流放的姚三辰、陈学海终于到达陀罗海振武营,他们商量着准备去拜见将军。有人告诉他们戍卒见将军,一跪三叩首。姚三辰、陈学海听后很是凄然,为自己一个读书人要向别人行下跪磕头的大礼而难过。唯独谢济世倒像是没事似的,心情轻松,不以为然。他对自己的两个同伴说:"这是戍卒见将军,又不是我见将军。"

等见到将军,将军对这几个读书人很是敬重,免去了大礼,还尊称他们为先生,又是赐座,又是赏茶。出来的时候,姚三辰、陈学海很是高兴,脸上露出得意神色,谢济世倒是一脸平静。他说:"这是将军对待被罢免的官员,不是将军对待我,没什么好高兴的。"

两个同伴问他:"那么,你是谁呀?"谢济世回答说:"我自有我在。"谢济世这样一番回答,言语之中有对自己的信仰和尊重,到达了完全超脱的地步,修炼出一个完整的自我,超然物外,宠辱加身,心无所动,不为形役,外界的宠与辱都不能触及和伤害他那高傲的灵魂,哪怕面对自己的生命即将被剥夺也面不改色心不跳。不愿在临刑前饮酒,他称这酒是"迷魂汤"。他那高傲的灵魂要高高在上地、清醒而冷静地面对一场对自己生命的杀戮,哪怕做鬼也要做一个清醒的鬼。

在谢济世眼里,没有得意,没有失意,有的是对自我的肯定,对灵魂的把持和坚守。做他自己认定的事情,宠辱不惊,心态平和，凛然不可侵犯地穿过时代风潮的惊涛骇浪。这就是谢济世做人的成功之处，在心理调适方面，他是人们的榜样。

周润发主演了一部电影叫《纵横四海》，里面有一个镜头至今记忆犹新："周润发"在一次打斗中，失去了双腿，坐上了轮椅。他一直逃避着他爱的那个女人。而有一次，这个女人猝不及防地找到了他的住处，站在他的面前。他愣了一下，马上转动轮椅，转过身，背对女人，紧接着，他又迅速转过身来，望着女人，脸上竟是一片微笑，像深秋的阳光一样，温暖、迷人。

人生就是如此，有时候，我们只需要一个转身，只要几分钟时间，喘息片刻。做一个小小的调整，小小的停顿，然后就可以以平常心从容地将心底的悲伤换作脸上的笑容。

常让自己感动自己

把爱心献给困境中的人

一个人陷入困境的时候,最需要别人的帮助。如果你有能力去帮助他,那就去行动吧。有爱的人生才是充实的人生,才是幸福的人生。

如果他人发生困难,你应当伸出援助之手,帮助他人解决问题,摆脱痛苦。因为这时候,是对方最需要帮助的时候,如果你帮助了他,他会永远感谢你的。

有一天,大哲学家西多斐尔出门时,碰见了他的好朋友安特尔太太,他看见安特尔太太正在伤心地哭泣。

西多斐尔走过去向安特尔太太问好:"你好,安特尔太太,你看上去不是很高兴!"

安特尔太太抬头看见西多斐尔,说:"你好,西多斐尔。"

西多斐尔说:"你有什么难事吗?我能为你效劳吗?"

安特尔太太说:"我们家出现了贵族家庭常出现的问题,我真的很伤心,我无法改变这一切。"

于是西多斐尔讲了一些贵族妇女的故事来安慰安特尔:"亲

119

爱的安特尔太太,请你不要忘了玛丽·斯图阿德,她一直诚心地爱着一个音乐家,一位嗓子很好的男中音。她的丈夫当着她的面把音乐家杀了,她的丈夫则被关了18年牢,最后又被送上了断头台。你想想她多么可悲呀!"

可是,安特尔太太的情绪还是没有好,仍然一味想着自己的悲痛。

西多斐尔接着说道:"让我们再听一个女王的悲惨故事吧!就在她年轻的时候便被人篡位,后来孤独地死在一个荒岛上了。"

安特尔太太说:"这些事我全知道,她们是很悲惨,但你为什么不许我想到我的苦难呢?"

西多斐尔说:"因为那是不应该想的,因为那些名门贵妇都受过那么大的罪,你别再灰心绝望了。你得想想埃居勃,想想尼奥勃。"

安特尔太太说:"谢谢你,西多斐尔,听了你的话我好高兴,最起码在这个世上还有你这样一个朋友来安慰我,我比她们要幸福得多,你放心,我会调整好自己的心情的。"

此后,西多斐尔经常陪安特尔太太聊天,使她开心。

但不久,这样悲惨的事降临到了他的身上,他的儿子不幸死了,他痛不欲生。这回轮到安特尔太太安慰他了,她找所有的帝王死了儿子的故事给他讲,并时常说一些笑话给西多斐尔听,使西多斐尔很快地忘却了伤悲。

这样,两个人的心情都得到了愉快。

在他人需要帮助的时候,你把你的爱心和关心献给他,同时,在你需要他的时候,他也会伸出援助之手。

济难救急,助人为乐,可以说是人世间最美好的情感。在帮助他人、造福民众的义举、善举中,助人者、造福者无疑会有一种情感的升华,得到一种精神上的慰藉,获得一种心理上的满足,这应该算是心灵上的最大幸福。

富翁中不会乐善好施者,他们常常热心于公益活动和慈善事业,常常投资或提供赞助资金,修建育婴堂、孤儿院、老年福利院,为残疾者办福利工厂等。在各种捐资助款的慈善活动中,在各种赈灾义演的场合里,我们都可以看到他们活跃的身影,富翁们往往会慷慨解囊,一掷千金。这一切似乎与一些人心目中富翁们大都是些精明的吝啬鬼的形象大相径庭,因为巴尔扎克笔下的葛朗台那种什么都舍不得吃、什么都舍不得穿、什么都舍不得用,满脑子只是攒钱想法的吝啬鬼形象,至今还存留在个别人的头脑里。

其实,现代富翁们的行为是很能理解的。理财的精明与乐善好施并非必然的矛盾,这是两种完全可以统一起来的优秀品质。前者表现的是致富能力上的品质,后者表现的是对待金钱的态度。前者不能决定后者,但可以为后者提供财富上的支持;而后者则体现出一种博大的仁爱之心,为前者寻找到一条使用金钱的最好出路。

当然,我们并不否认也有为富不仁的富翁,但这毕竟是个别现象。

在一份调查报告里,我们可以看到在733位百万富翁一年的30项活动的排序表中,"参加社区或城市活动"和"为慈善事业筹集资金"就高居第三位和第五位。这说明了什么呢?说明公益活

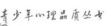

动、慈善事业在他们的生活中占据着相当重要的地位。

以韩国现代企业集团的领导郑周永来说，他从一个一无所有的穷小子，赤手空拳打下503亿美元资产的江山，一跃而成为世界瞩目的超级大亨、财界巨头，但他在日常生活中却出奇地"小气"：一条裤子可以穿上好几年；衬衫直到领子、袖口磨破了才换新的；一只旅行皮箱能用十几年，直到把手坏了才换新的。他没有自己的专用餐厅，经常在员工餐厅里与职员们一起用餐。他的办公室朴实无华，墙上只挂了一幅韩国国花的绘画和一幅"淡泊以明志"的字轴。他对六个弟妹、九个子女的管教也非常严格，要求他们都像他那样，过一种俭朴的生活。

然而，就是这样一位严于律己，如此崇尚俭朴的亿万大富翁，在对待公益事业、慈善事业上却是豪气冲天，大把大把的钱花起来毫不痛惜。1977年，他把自己拥有的"现代建设"的50％的股票捐了出来，建立了"峨山社会福利事业基金会"，还出资创办了医院、幼儿园等社会福利事业，充分显示出了他的仁爱之心。

诚实是金

中国有句古话："诚实是金"，说的是做人诚实，就像金子一样宝贵。在现代文明社会中，诚信应当是公民的觉悟和品德，我们应该做诚实的人，做诚信的事。无论你是谁，只有依靠诚实才能够把握发展的机会，赢得事业的成功。

那些优秀的人身上往往具备这样的品质：善良、富有同情心、热心助人……当然少不了诚实。在日常生活中，我们不免会接触到一些口是心非、耍小聪明、占小便宜之人，但一句俗话说得好：路遥知马力，日久见人心，耍小聪明只会得逞于一时一事，时间一长，就会信誉扫地，落得个众叛亲离，而诚实会给人一种安全感，不必处处设防。诚实是做人的基本品质，是人们相互依赖和友好交往的基石。

18世纪英国的一位有钱的绅士，一天深夜他走在回家的路上，被一个蓬头垢面衣衫褴褛的小男孩儿拦住了。

"先生，请您买一包火柴吧！"，小男孩儿说道。

"我不买。"绅士回答说，说着绅士躲开男孩儿继续走。

123

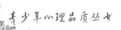
"先生,请您买一包吧,我今天还什么东西也没有吃呢?"小男孩儿追上来说。绅士看到躲不开男孩儿,便说:

"可是我没有零钱呀。"

"先生,你先拿上火柴,我去给你换零钱。"说完男孩儿拿着绅士给的一个英镑快步跑走了,绅士等了很久,男孩儿仍然没有回来,绅士无奈地回家了。

第二天,绅士正在自己的办公室工作,仆人说来了一个男孩儿要求面见绅士。于是男孩儿被叫了进来,这个男孩儿比卖火柴的男孩儿矮了一些,穿的更破烂。

"先生,对不起了,我的哥哥让我给您把零钱送来了。"

"你的哥哥呢?"绅士道。

"我的哥哥在换完零钱回来找你的路上被马车撞成重伤了,在家躺着呢。"绅士深深地被小男孩儿的诚信所感动。

"走!我们去看你的哥哥!"去了男孩儿的家一看,家里只有两个男孩的继母在照顾受到重伤的男孩儿。一见绅士,男孩连忙说:

"对不起,我没有给您按时把零钱送回去,失信了!"绅士却被男孩的诚信深深打动了。当他了解到两个男孩儿的亲父母都双亡时,毅然决定把他们生活所需要的一切都承担起来。

一个诚实的人,待人办事,有一说一,有二说二,决不弄虚作假,也决不会玩无中生有的把戏,因此不必心里常戚戚。多一分诚实,别人会对你多一分尊敬,多一分信任,最终在人生的道路上会获得意想不到的成功。

小约翰17岁了,今年刚学会了开车,心里别提多高兴了。一天早上,父亲对小约翰说:"显示一下你的本事吧,把我送到20英里的市区去。我去办点事,你下午4点去接我。"

"OK!"小约翰跳上车,非常高兴地答应了。

一路上,他把在驾校学到的技能充分利用。宽阔的路面上正是他大显身手的机会。他开车把父亲送到目的地后,发现那里张贴着举办歌唱后的海报。时间还早,小约翰没有犹豫真奔歌唱会。可是,当最后一首歌唱完的时候,已经是下午6点了。这时,他才想起与父亲的约定!

当小约翰把车开到预先约定的地点时,看见父亲正靠在一个栏杆上不时地抬手看表。小约翰心里暗想,如果父亲知道自己一直在看演唱会,一定会非常生气。

小约翰低着头走了过去,先是向父亲道歉,然后说,真是不巧,车在路上出了一点毛病,需要修理,维修站的工人们花了2个小时的时间才修好。

听完儿子的话,父亲看了他一眼,严肃地说:"小约翰,你觉得有必要对我撒谎吗?"

"我没骗你!我说的都是实话。"小约翰争辩道。

父亲再一次看了看儿子:"当你在约定的时间没有到来时,我就给维修站打了电话,你根本就不用编这样的谎话。"

小约翰从来没见过父亲生这么大的气,即便是他的公司最不赢利的时候也没有过。小约翰顿时又惊慌又羞愧。他低着头向父亲承认了看演唱会的事实。父亲认真地听完后,脸色变得更加难看。"我很生气,你居然学会了说谎来骗我,这是比生意亏损更令我痛心的。"

尽管小约翰一再道歉,但父亲丝毫不理会,迈开大步开始沿着尘土飞扬的道路行走。小约翰迅速地跳上车跟在父亲后面。一路上都在忏悔,告诉父亲他是多么难过和抱歉,但是父亲丝毫也没有停下脚步,远远地把小约翰甩在后面。小约翰不敢出声,以每小时4英里的速度一直跟着父亲。

整整20英里的路程,这是小约翰生命中最难忘的一次经历。看着父亲遭受肉体和情感上的双重折磨,小约翰后悔得始终无法抬头。他没想到,无意中的一次说谎,竟对父亲的伤害竟是这样深,那是世界上最深爱他的亲人啊!

自此以后,小约翰再也没有说过谎。那20英里的路程,是他生命中最成功的一次教育,他后来成为英国著名的经济学家,他就是约翰·梅纳德·凯恩斯。

每一个年轻人如同即将上路的车手。即使他拿到了驾照,并不能保证他的车子会行驶向正确的方向。而学会了做人,才是他在成功之路上奔驰的资本。

在很多人的眼里,黄金是最珍贵的,但是,对于我们人类而言,最珍贵的是诚实的品格。诚实是一种美德,也是一种无形资本。生活中,那些诚实的人更容易获得他人的信任与尊重,如果他要经营自己的事业,也会比别人要顺利一些。

诺尔曼·安德森是美国著名的心理学家,他曾列举出555个描述人的品质的词,如真诚、热情、腼腆、孤独、贪婪、冷酷、虚伪等等,让学生们挑选。结果在八个评价最高的形容词中,有六个与"诚实"有关,他们是真诚、诚实、忠诚、真实、可信、可靠。而评价最低的是说谎与假装。由此可见,诚实的人最受人欢迎,最易交朋友,也容易获得发展的机会,而虚伪装假的人则不容易得到人们的认同。

鲁宗道在宋真宗在位时为官。一次真宗有事找他,使者到他家时,鲁宗道却不在家。过了很长时间,鲁宗道才从酒馆里回来。使者要先回宫向皇上回报,就同鲁宗道商量:"假如皇上怪罪你来迟了,用什么事推托一下呢?"鲁宗道说:"就如实报告吧!"使者说:"要是这样,你会获罪的。"鲁宗道却说:"饮酒是人之常情,而欺君才是臣子的大罪。"

使者回去,将鲁宗道的话禀告真宗。果然,真宗反而认为鲁宗道忠实可靠,可以重用。鲁宗道以诚实赢得到了大信任。

在与人交往的过程中,所谓诚实就是对朋友要讲真话,这是人际交往中第一重要的因素,也是建立正常交际并使之深入发展的基础,相互开诚布公,实实在在,才能建立信任感与安全感。因为谁也不愿意在交际中受骗上当,或者被出卖。

当然,不仅是在做人方面我们应该诚实,做事情也同样如此,就像日本企业家小池说过的那样"做人与做生意一样,第一要诀就是诚实。诚实就像树木的根,如果没有根,树木就别想有生命了。"事实上,这也是小池成功的经验。

小池出身贫寒,20岁时就替一家机器公司当推销员。有一个时期,他推销机器非常顺利,半个月内就跟33位顾客做成了生意。之后,他发现他们卖的机器比别的公司生产的同样性能的机器昂贵。他想,同他订约的客户如果知道了,一定会对他的信用产生怀疑。于是深感不安的小池立即带着订约书和订金,整整花了三天的时间,逐家逐户去找客户。然后老老实实向客户说明,

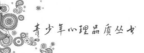

他所卖的机器比别家的机器昂贵,为此请他们废弃契约。

这种诚实的做法使每个客户都深受感动。结果,33人中没有一个与小池废约,反而加深了对小池的信赖和敬佩。

诚实的品格真是具有惊人的魔力,它像磁石一般具有强大的吸引力。其后,人们就像小铁片被磁石吸引似的,纷纷前来他的店购买东西或向他订购机器,这样没多久,小池的生意就做得很大了。

小池成功的经验也给了我们这样一个启示:要想获得别人的信任与重视,你首先必须做到诚实。

不管时代怎样发展,不管社会如何变迁,诚实的价值都不会改变,永远也不会贬值。与此相应,一个人失去了诚实,就失去了一切成功的机会。一个不诚实的人,将会失去客户,失去工作,失去朋友,因为谁也不愿意与一个不诚实的人共事、打交道。

谦逊对人

古人说:"心不则德义之经曰顽,口不道忠信之言曰嚚。"这句话为顽嚚下了这样一个定义,也就是说,一个人不遵循道德公义的规范,叫做顽,顽也是用一种极为不严肃的态度对待事物的表现。嚚则是蠢而顽固,奸诈不忠,口中谎话连篇,欺诈而狡猾,出尔反尔。

《劝忍百箴》中也曾经讲到过顽嚚的问题,指出:"愚妄奸诈不友善,这样的人就是恶人,可以称作"浑敦"。这样的恶物丑类,应该把他们流放到四方边远的地方去,让他们抵御妖魔鬼怪。"唐虞的年代,民风淳朴,《尚书》中记下这些怪类,是要人们以此为戒。秦汉之后民风浮薄,对此习以为常,反而不觉得奇怪了。恶人的性情难以用义理来制约,好像是狂犬咬人,好像狗发了疯相互撞击,如同公牛角斗。用宽恕的态度对待他们就会生乱,跟他讲道理,他也不会顺从,让他抓住你的弱处,则会招致欺侮,想用恩义去感化他,他却不尊重你。应当把他们看做禽兽,用不着与他们斗智斗力,等待他自取灭亡。

常
让
自
己
感
动
自
己

顽嚣之徒是什么样子?有什么特征呢?《左传》中记载:

从前,帝鸿氏有个没有德行的儿子,不行仁义,常常和坏人为伍,又喜欢做坏事,这种人是天下人痛恨的坏蛋,没有人愿意和他相处在一起,于是人们给他取了个名字,叫"浑敦"。

少昊氏有一个没有德行的儿子,毁坏信义,不讲忠诚,喜欢夸大其词,人们叫他"穷奇"。

颛顼氏有个没有德行的儿子,不听教导,不接受劝告,给他讲道理告诉他道德,他就加以顶撞;不教育、不理睬他,他就变为奸诈小人。这些破坏社会公德、扰乱天理伦常的人,大家称之为"梼杌"。

缙云氏有个没有德行的儿子,好吃喝,喜欢别人送礼给他,人们称他为饕餮。

舜做尧的大臣,管理四方门户,将浑敦、穷奇、梼杌、饕餮等四族流放到荒远的边地去抵御妖魔鬼怪,因此,尧死后,天下仍然很安定。

顽嚣之徒有这样的特征,一是作恶多端,不行仁义,为天下人所痛恨;二是背信弃义,不讲忠诚,毫无信义可言,出尔反尔,欺诈成性;三是喜欢夸大其辞,不听教诲,不讲道义,破坏社会公德,扰乱天理伦常。面对这种顽嚣不化的人,很难用道义、理法去规范他,教导他,因为对他而言,什么道义、理法、天理、天伦,他都不以为然。

上面所说的这些人虽然都凶顽不化,但却自取灭亡,难道不都是以身试法,结果如烟消火灭吗?

顽嚣之徒没有好下场。那么他们为什么要不讲道义,不讲诚信呢？这主要是由于这些人只图一己之私利，只要目的能够达到，手段不去计较。他们离经叛道，不惜伤天害理，为的是自己的一点利益。例如唐代的安禄山为了自立为皇帝，一边拜杨贵妃为干妈，厚颜无耻，一边积极筹备军事力量，发动反唐、叛唐的战争。当面一套，背后一套，令人不齿。

面对像疯狗咬人、疯牛撞物一样，不明事理的顽嚣之徒，我们忍什么呢？一是不与之计较。对这样的人或事去计较，只能是有损你自身，所以对于顽嚣之辈的所作所为，就看成是苍蝇和蚊子从眼前飞过，不去理睬它，不与之理论，这样的人你与他理论，也是白理论。二是相信柔弱能胜刚强的道理，应该看到顽嚣之辈行事害天理，反人伦，是自寻灭亡。他一时的逞强，对他人的欺侮，也正表示了他的无可奈何。对顽嚣之辈、不肖之徒忍耐，对自己毫无损害，而更能从中看出一个圣贤的高贵品质。

顽嚣之人为人不齿，一个人一旦落到这个地步也就无可救药了，所以，我们要力戒顽嚣。

在克服骄傲自大，培养谦恭礼让的品质方面，古人为我们做出了不少榜样。

据《战国策》记载：魏文侯太子击在路上碰到了文侯的老师田子方，击下车跪拜，子方不还礼。击大怒说："真不知道是富贵者可以对人傲慢无礼，还是贫贱者可以对人骄傲？"田子方说："当然是贫贱的人对人可以傲慢，富贵者怎敢对人骄傲无礼？国君对人傲慢会失去政权，大夫对人傲慢会失去领地。只有贫贱者计谋不被别人使用，行为又不合于当权者的意思，不就是穿起鞋子就走吗？到哪里不是贫贱？难道他还会怕贫贱？会怕失去什么

131

吗?"太子见了魏文侯,就把遇到田子方的事说了,魏文侯感叹道:"没有用田子方,我怎能听到贤人的言论?"

富贵者、当权者自身本来就容易有骄傲之势,看不起地位不如自己的人,但是作为统治者,如果不能礼贤下士,虚心受教,他就可能因为自己的骄矜之气而失去政权,富贵者则可能因此失去自己的财势。

相同的例子还有《左传》中记载的一件事。鲁国和卫国忧虑齐国会来攻打它们,都到晋国去搬兵要讨伐齐国。晋国派郤克率领中军,士燮为上军之将的辅佐,乐书带领下军,去救鲁国和卫国,在华泉打败了齐军。齐国用甗和玉贿赂晋国,并答应把侵占鲁国和卫国的土地还给他们,以此作为求和的条件,于是晋国的部队班师回朝。晋景公慰劳将士们说:"都是你们的功劳。"郤克回答说:"这是你教导有方,更全凭将士们的努力,我又有什么功劳呢?"士燮回答说:"是荀庚指挥得好,是郤克控制全军,我又有什么功劳?作为臣子的,如果都能如此谦虚,不居功自傲,那该多好。"后人听了,都将称赞他们贤明。三位将军能够获胜而归,最重要的是他们谦恭相让,精诚团结的结果。

还有西汉人龚遂,字少卿,因为明经及第做了官。龚遂为人忠厚刚烈,有节操。昭帝时他做渤海太守,在任多年。皇上派使者召他回去,龚遂手下的议曹王生愿意跟他一起去。王生向来爱喝酒,而且喝起来没有节制。龚遂不忍心拒绝王生,就让他跟着到京城去。到了京师王生每天只喝酒,不理会龚遂。有一天碰上龚遂被召进宫,王生在后面追着喊道:"太守先停一下,我有话对你说。"龚遂返回来,问他有什么话说。王生说:"皇上如果问你是怎样治理渤海的，你不能摆自己的功，回答时应该说是圣上的功德，并不是小臣的功劳。"龚遂接受了他的意见。到宫中之后，皇上果然问他治郡的情况，龚遂照王生说的那样回答了皇上的提问。皇上十分赏识龚遂的谦和作风，并笑着说："你从哪儿听到的长者之言?"龚遂于是回答说："这些话是我的议曹王生教给我说的。"皇上认为龚遂年老了，拜他为水衡都尉。

如果一个人喜欢自大自夸，就算是有了一些美德，有了一些功劳和成绩，也会丧失掉。过分炫耀自己的能力，看不起他人的工作，就会失去自己的功劳。

固执己见的人，会不明白事理;自以为是的人，不会通达情理;自傲者，不会获得成功;自夸的人，他所得到的一切都不会保持长久。

顺其自然的人生更美妙

　　如果舍弃自然,我们还向什么学习,依什么而动,奔什么回归?真正高级的修炼正是也必是自然大道。一切功法尊重的,正是顺其自然。

　　一山一地貌,一水一风流。千人千面,各不相同,各有特征。那么,什么是最大的特点?自然。对吗?让我们全身放松,犹如立于天地之间,太空之内,思考有关世界、自然的大问题。"对象——属性——关系"这当然是万事万物相统一的要点。凡存在、认识、实践的东西,都是对象。对象都存在于关系之中,关系的概括不是别的,正是特点。那么,开头的问题就有了答案。

　　万千对象,探本求源。源是什么?自然。自然之间,联系万千,自然的关系是什么?自然。自然之中,千珍百奇,其自然的特点是什么?自然。自然自然自然,真是文字游戏!且慢着急。请你把心沉静下来,否则是不会悟到什么的。

　　生活中人们常常会产生浮躁或者挫折感。由此我们想到一位隐士,是三国时代的人。他与诸葛亮交往甚厚,名叫水镜先生。

水镜先生是否总能保持心明如镜，而且是水镜般明澈，无从查考，但他却有句口头禅，就是"好，好，好"。罗贯中对这位满脸安详的奇人有生动的描写，令人慕其风度。水镜先生字德操，请注意，这可是句谶语。后来司马氏果然灭了魏国，得到曹氏天下——此乃插话。

水镜先生挂在嘴上的话，耐人寻味。怎么干什么都好?他就没有烦心恼人的事吗?对于讲进取、讲修炼的人来说，一切都是必然的，因此就自然地对待之。事情再多、再急、再累，也沉下心来不瞎忙，自己的看法再正确再有远见，也不强加于人。过去了的事再不顺心，也不抱怨。再大的失误只要牢记教训，也不后悔。功夫修炼再苦，也不贪求。处境再恶劣，也不泄气……不浮躁、不抱怨、不后悔、不贪求、不泄气、不慌不忙的人，该是多么令人敬重，容易使事情往好转化啊!这大概就是水镜先生那句"好，好，好"的奥秘吧?这种生活态度，难道是消极避世的吗?他遇惊不惊，遇怒不怒，受荣不荣，受辱不辱，还有什么过不去的火焰山吗?真的修养到这一步，会有说不尽的美妙与智慧，自然如意，如意自然。

让我们再一次把心深深地沉静下来，心明如镜地思考，思考关于自然的三个层次的问题。

自然是什么?花草树木，山川河流，自然是我们的母亲。春去冬来，生机盎然，自然是变化。生化光电，粒子质子，自然是本源。总之，我们实践、思考的一切对象，都是自然。

自然是什么?有天就有地，有阴必有阳。要进一步就须先退几步，破坏了才有建设，有修心重德才有功夫精进……自然就是

135

各种关系,关系之中的对立,对立之中的统一,统一之后的总关系。万千关系之关系,归于自然归于零。

自然是什么?甜酸苦辣咸,五味要尝全。东西南北中,天眼在太空。软和硬、冷和暖,动和静……都是自然。一切特点都是自然的。自然是一切过程一切事物之总特点。

《淮南子》中的一个故事大家一定不会陌生:

有一位住在长城边的老翁养了一群马,其中有一匹马忽然不见了,家人们都非常伤心。邻居们也都赶来安慰他,而他却无一点悲伤的情绪,反而对家人及邻居们说:"你们怎么知道这不是件好事呢?"众人惊愕之中都认为是老人因失马而伤心过度,在说胡话,便一笑了之。

可事隔不久,当大家渐渐淡忘了这件事时,老翁家丢失的那匹马竟然又自己回来了,而且还带来了一匹漂亮的马,家人喜不自禁,邻居们惊奇之余又十分地羡慕,都纷纷前来道贺。而老翁却无半点高兴之意,反而忧心忡忡地对众人说:"唉,谁知道这会不会是件坏事呢?"大家听了都笑了起来,都以为是把老头给乐疯了。

果然不出老头所料,事过不久,老翁的儿子便在骑那匹马时摔断了腿。家人们都挺难过,邻居也前来看望,唯有老翁显得不以为然而且还似乎有点得意之色,众人很是不解,问他何故,老翁却笑着答道:"这又怎么知道不是件好事呢?"众人不知所云。

事过不久,战争爆发,所有的青壮年都被强行征集入伍,而战争相当残酷,前去当兵的乡亲,十有八九都在战争中送了命,老翁的儿子却因为腿跛而未被征用,他也因此幸免于难,故而能与家人相依为命,平安地生活在一起。

这个故事便是"塞翁失马,焉知非福"的出处。老翁高明之处便在于明白"祸兮福所倚,福兮祸所伏"的道理,能够做到任何事情都能想得开,看得透,顺其自然,而顺其自然是一种很实用的处世哲学。

一只小毛虫趴在一片叶子上,用新奇的目光观察着周围的一切:各种昆虫欢歌曼舞,飞的飞,跑的跑,又是唱,又是跳……到处生机勃勃。只有它,可怜的小毛虫,被抛弃在旁,既不会跑,也不会飞。

小毛虫费了九牛二虎之力,才能挪动一点点。当它笨拙地从一片叶子爬到另一片叶子上时,自己觉得就像是周游了整个世界。

尽管如此,它并不悲观失望,也不羡慕任何人,它懂得每个人都有各自该做的事情。它,一只小小的毛虫,应该学会吐纤细的银丝,为自己编织一间牢固的茧房。

小毛虫一刻也没有迟疑,尽心竭力地做着工作,临近期限的时候,把自己从头到脚裹进了温暖的茧子里。

"以后会怎么样?"与世隔绝的小毛虫问。

"一切都将按自己的规律发展。"小毛虫听到一个声音在回答,"要耐心些,以后你会明白的。"

时辰到了,它清醒过来,但它已不再是以前那只笨手笨脚的小毛虫,它灵巧地从茧子里挣脱出来,惊奇地发现自己身上生出一对轻盈的翅膀,上面布满色彩斑斓的花纹。它高兴地舞动了一下双翅,竟像一团绒毛,从叶子上飘然而起,它飞啊飞,渐渐地消

失在蓝色的雾霭之中。

顺其自然，一切都将按自己的规律发展。做好自己应该做的事情，不悲观失望，不羡慕任何人，以一种平静的心态来对待自己的职业，自己的生活。这样最好不过了——即收获充实，又不失精彩。

顺其自然是最好的活法，不抱怨，不叹息，不堕落，胜不骄，败不馁，只管奋力前行，只管走属于自己的路。中国有句俗话叫做"谋事在人，成事在天"，而这种"成事在天"便是一种顺其自然。只要自己努力了，问心无愧便知足了，不奢望太多，也不会事事失望。

顺其自然当然不是让你随波逐流，放任自流，而是弄明白自己的人生方向后踏实地朝着目标走下去。坚持正常的学习和生活，做自己应该做的事情。

有人曾经问一位游泳教练："在大江大河中遇到漩涡怎么办？"教练答道："不要害怕。只要沉住气，顺着漩涡的自转方向奋力游出便可转危为安。"顺其自然也是如此，它不是"逆流而动"，也不是"无所作为"，而是按正确的方向去奋斗。

顺其自然不是宿命论，而是在遵守自然规律的前提下积极探索；顺其自然不是不作为，而是有所为，有所不为。

人生如同一艘在大海中航行的帆船，偶遇风暴是无法改变的事实，只有顺其自然，学会适应，才能战胜困难。现实生活中我们应该学会顺其自然，学会到什么山唱什么歌。

常让自己感动自己

苦难即财富

古人曾说:"吃得苦中苦,方为人上人。"肯吃苦自古以来就是一种深受人们赞美的好品质,生活中那些肯吃苦的人,无论从事什么行业都比那些不愿意吃苦,只贪图安逸的人要更容易获得成功。

据说,球王贝利的儿子出生后,大家向他祝贺:"小球王诞生了!"

贝利摇摇头说:"不,他永远不可能成为球王,因为他的生活太优越了。"

美国成功学家卡耐基说:"大多数的富家子弟,总是不能抵抗财富所加予他们的试探,因之而陷入纸醉金迷的生活中。他们根本不是懂得上进的贫苦孩子的对手,对于这些小老板,穷苦的孩子根本不用害怕。"

贝利和卡耐基都是自己所在行业的顶尖者。但是,他们对苦难却有一个共同的认识,即苦难就是财富。在现实生活中,那些不怕吃苦的人,也更容易成为自己所在那个行业的佼佼者。

大家都知道，浙江人很会做生意，很多人都把生意做得很大，甚至做到了国外，在一般人的眼里，浙江人的生意之所以做得很好，是因为他们聪明，有经商的眼光，这些固然重要，但是，也与他们肯吃苦有很大关系。关于这一点，新华社记者朱幼棣就曾有过这样的描述：

他说："那是很多年的事了。在新疆阿勒泰地区雪山脚下的一个小县，我遇到了可以算作半个老乡的温州鞋匠，他挑着一副担子，一头是颇齐全的补鞋用具，一头是镜子、牙膏等小百货。我试了试，沉甸甸的。他告诉我，开春以来，他就是挑着这副担子，踏着初融的积雪，一路追赶骑在马背上不停迁徙的哈萨克部落。牧民们穿着马靴是用牛皮缝制的，一沾地上的雪水，极易磨穿，因而这是挣钱的好时机。'但两条腿的人要追上四条腿的马，行吗?挣钱吗?'我问。这位老乡脱下鞋子、袜子，瞧着满脚的血泡，黯然地自语：我们是挣血汗钱、卖命钱。他已经快三年没回家了，他问我能不能回北京后帮他给家里捎封信，我答应了。第二天，我去看他，竟已人去床空。"

正是这种吃苦耐劳的品质成就了很多浙江商人的事业。

如果我们仔细观察身边那些成功人士，就会发现他们没有一个是在懒惰、贪图享受的情况下取得成就的，他们之所以受人尊敬，是因为他们具有美好的品德，所以，如果你也渴望成功，就应该先修炼自己的德行。当一个人的品德日臻完善时，他就开始踏上了成功之旅。

20世纪80年代，有个年轻人单枪匹马闯荡深圳。最初，他从事的是饲料生意，从东北运来玉米等原料，然后销往各饲料加工厂。每当货物到站时,他就立即赶到货运站,雇请民工装卸玉米包。除了指挥搬运,一有空闲,他还亲自上阵扛玉米包。时间长了,不少人大惑不解,说"一辈子没见过扛麻袋的老板"。有一次中途休息,有个民工忍不住问他:"你是老板,随便干点什么不好,为什么跟我们一起扛麻袋呢?多辛苦啊!"他淡淡一笑,没说什么。

凭着这股干劲,他的饲料生意越做越大,销路也越来越广,但运输却制约了他的发展。

那时火车皮异常紧俏,谁有本事多弄一个车皮,就等于把钱装进了口袋。为了能申请到计划指标,他拎着高档香烟,敲开了货运站主任的家门,还没等他张嘴,主任先开口了:"你是来要车皮的吧?"

主任的开门见山让他大感意外,只好点头说:"是,是,您能给我两个计划外的车皮吗?"平生第一次给人家送礼,他心里很紧张。

"你把烟拿回去,明天到办公室找我!"主任对他说。

在回去的路上,他不停地责怪自己没用,才说了一句话就给撵出来了,也许是送的礼太少了。

第二天一早,他硬着头皮来到主任办公室,心里忐忑不安。

主任却热情地招呼他:"年轻人,我早就认识你了,不知道吧?"

"这才第二次见面,主任早就认识我了?"他心里想。

"我在货运站这么多年,只见过一个扛麻袋的老板,就是你。我觉得你很想干一番事业,一直想帮帮你,没想到你主动找上门来了。"主任爽朗的笑声终于让他如释重负。

141

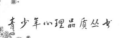
就这样,在主任的帮助下,他如愿以偿地申请到了车皮。

这个年轻人后来成为国内鼎鼎大名的房地产企业家,他叫王石,现任深圳万科集团董事长。

前不久,王石在自传《道路与梦想》中提起此事,依然感慨万千。他说:"通过这件事,我悟出了一个道理:在商业社会里,金钱不是万能的,金钱是买不来尊重和荣誉的。那个主任正是欣赏我做事的态度和吃苦精神,所以才愿意无偿地帮助我。"

王石的话看似平淡,却给了我们多有益的启示:一个愿意吃苦的人,更容易获得别人的帮助。

显然,这关键时刻的帮助,对一个人的成功是有很大帮助的,如果一个人不愿意吃苦,那他拿什么去赢得人们的尊重和帮助呢?这是我们每个人都应该思考的一个问题。

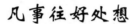
凡事往好处想

人的心态是可以随时随地转化的,有时变好,有时变坏。同样一件事,如果你心往好处想,心情就变好,如果你往坏处想,心情马上就变坏。

好心情可以给你信心,成就你的事业;可以帮助你战胜困难,走出逆境;可以帮助你挑战命运,重新点燃生命之灯……同时,一个精神充实、生活充满快乐的人,他也必然是一个心里健康的人。

生活是美好而沉重的。人生,是有苦又有乐的,是丰富多彩又艰难曲折的,就像白天与黑夜的互相交替一般。快乐时"春风得意马蹄疾,一日看尽长安花",快乐的人连路边的鸟儿都在为他歌唱,花儿都似专为他开放。痛苦时,落日西风,万念俱灰,睡梦中也在滴泪。

人总是避苦求乐的,都希望快乐度过每一天,但生活本身就充满酸甜苦辣,快乐和痛苦本是同根生。当你快乐时,不妨留一片空间,以接纳苦难;当你痛苦时,不妨想到往昔的快乐。

心往好处想,才能帮我们冲破环境的黑暗,打开光明的出路,才能获得更多更大的人生乐趣。在困顿、苦难面前,一味哭丧着脸,除了磨掉自己的锐气外,是不会赚到任何同情的眼泪的。只有颤抖于寒冷中的人,最能感受到太阳的温暖,也只有从痛苦的环境中摆脱出来,才会深深感觉到这个世界的美好。就像火车过隧道,即使在黑暗中,也要看到前方的光明。

曾经有两个囚犯,从狱中望窗外,一个看到的是冷森的高墙,一个看到的是蓬勃的朝霞。面对同样的遭遇,前者心中悲苦,看到的自然是满目苍凉、了无生气。而后者心往好处想,看到的自然是霞光满天,一片光明。

人生的道路虽然不同,但命运对每个人都是公平的。窗外有土也有星,有快乐也有痛苦,就看你能不能抱定青山不放松,心往好处想。

哈佛大学的一位心理学教授蓝姆·达斯曾讲过这样一个故事:

一个因病入膏肓,仅剩数周生命的妇人,整天思考死亡的恐怖,心情坏到了极点。蓝姆·达斯去安慰她说:"你是不是可以不要花那么多时间去想死,而把这些时间用来考虑如何快乐度过剩下的时间呢?"

他刚对妇人说时,妇人显得十分恼火,但当她看出蓝姆·达斯眼中的真诚时,便慢慢地领悟着他话中的诚意。"说得对,我一直都在想着怎么死,完全忘了该怎么活了。"她略显高兴地说。

一个星期之后,那妇人还是去世了,她在死前充满感激地对蓝姆·达斯说:"这一个星期,我活得比前一阵子幸福多了。"

"苦乐无二境,迷误非两心",妇人学会了心往好处想,所以便能离开人世前仍能感到一丝幸福,快乐地合上双眼。如果她仍像以前一样,一味想死,那只能是痛苦地离开人世。

心往好处想,不论何时,不论何事,只要活着,就要心往好处想。人生可以没有名利、金钱,但必须拥有美好心情。

心往好处想,你就能得到神奇的欢乐物质"内啡呔";心往坏处想,你就会被"去甲肾上腺素"所包围而中毒。如果人人都明白了这个道理,何愁世间少快乐,何愁身体不健康。

知足心态，人生才能富足

一股细细的山泉，沿着窄窄的石缝，叮咚叮咚地往下流淌，也不知过了多少年，竟然在岩石上冲刷出一个鸡蛋大小的浅坑，里面填满了黄澄澄的金砂，天天不增多也不减少。

有一天，一位砍柴的老汉来喝水，偶然发现了清澈泉水中闪闪的金砂。

惊喜之下，他小心翼翼地捧走了金砂。

从此，老汉不再受苦受累，过个十天半月的，就来取一次金砂，不用说，日子很快富裕起来。

老汉虽守口如瓶，但他的儿子还是跟踪发现了这个秘密，埋怨他不该将这事瞒着，不然早发大财了。

儿子不断地怂恿父亲拓宽石缝，扩大山泉，不就能冲来更多的金砂吗？

做父亲的想了想，自己真是聪明一世，糊涂一时，怎么没想到这一点？

146

说到做到，父子俩随即找来工具，叮叮当当地把窄窄的石缝凿宽了,山泉比原来大了几倍,随后又凿深了坑。

父子俩想到今后可得到更多的金砂,高兴得一口气喝光了一瓶酒,醉成一团泥。但是,父子俩天天跑去看,却天天失望而归,金砂不但没增多,反而从此消失得无影无踪。

父子俩还百思不解,金砂哪里去了呢?

这对父子贪婪地希望得到更多财富,却连原本微小的利益也失去了。当人太贪心时,最终会变成什么也得不到。

希腊哲学家德谟克利特说:"希望获得不义之财是遭受祸害的开始。"

人若不能学会知足与珍惜,终究会为自己所害,"想要得到更多"的念头,只会不断地折磨我们。对生活现状的种种不满,轻易地将快乐的心掩盖了,每天只剩下沮丧和埋怨。

事实上,古人不就曾劝诫我们:"大厦千间夜眠不过八尺,良田万顷日食又有几何?"

晚上睡觉所需的不过就是一张床的大小,每餐有的也只不过是一碗饭的食量,再多的土地、钱财,我们又能用得到多少呢?拥有许多我们用不到的事物,真的就是富有吗?

美国作家埃默森曾经说:"贫穷只是人的一种心理状态,正因为你自己觉得穷,所以穷。"

如果我们不能从内心说服自己,学会知足与珍惜所有,我们将穷尽一生的气力也无法成为一个"富足"的人。

147

若怯若愚是一种大智慧

　　智和愚对人一生命运的影响极大。"大勇若怯，大智如愚。"这是苏轼的观点。他在《贺欧阳少师致任启》中说"力辞于未及之年，退托以不能而止，大勇若怯，大智若愚"，我们可以理解为对于那些不情愿去做的事，可以以智回避之，本来有大勇，却装出怯懦的样子，本来很聪敏，却装出很愚拙的样子，如此可以保全自己的人格，同时也不做随波逐流之事。真正的大智大勇者未必要大肆张扬，徒有其表，而要看其实力。李贽也有类似的观点，"盖众川合流，务欲以成其大；土石并砌，务以实其坚。是故大智若愚焉耳"。百川合流，而成其大，土石并砌，以实其坚，这才是大智若愚。

　　中国古代有很多大智若愚者。

　　宋代宰相韩琦以品性端庄著称，遵循着得饶人处且饶人的生活准则，从来不曾因为有胆量而被人称许过，可是在下面两件事上的神通广大，实在是没有第二个人，这才是"真人不露相"的注脚。对于这样的老好人谁会防范呢？

　　当宋英宗刚死的时候，朝臣急忙召太子进宫，太子还没到，英宗的手又动了一下,宰相曾公亮吓了一跳,急忙告诉韩琦,想停下来不再去召太子进宫。韩琦拒绝说:"先帝要是再活过来,就是一位太上皇。"韩琦越发催促人们召太子,从而避免了权力之争。

担任入内都知职务的任守忠这个人很奸邪,反复无常,秘密探听东西宫的情况,在皇帝和太后间进行离间。有一天韩琦出了一道空头敕书,参政欧阳修已经签了字,参政赵概感到很为难,不知怎么办才好,欧阳修说:"只要写出来,韩公一定有自己的说法。"韩琦坐在政事堂,用未经中书省而直接下达的文书把任守忠传来,让他站在庭中,指责他说:"你的罪过应当判死刑,现在贬官为蕲州团练副使,由蕲州安置。"韩琦拿出了空头敕书填写上,派使臣当天就把任守忠押走了。

要是换上另外的爱耍弄权术的人,任守忠会轻易就范吗?显然不会,因为他也相信一贯诚实的韩琦的说法,不会怀疑其中有诈。这样,韩琦轻易除去了蠹虫,而仍然不失忠厚。

大智若愚,即小事愚,大事明,这是一种很高的修养。愚,并非自我欺骗或自我麻醉,而是有意糊涂。由聪明而转糊涂,由糊涂而转聪明,则必左右逢源,不为烦恼所扰,不为人事所累,这样人生一定幸福、快乐。

中国古代的道家和儒家都主张。"大智若愚",而且要"守愚"。"守"者即修行,亦即功夫。理上之悟,是一悟,已近"愚"之境界;事上之悟,事事悟,时时醒,持守如一,乃一大智者。大智者,愚之极至也。大愚者,智之其反也。外智而内愚,实愚也;外愚而内智,大智也。外智者,工于计巧,惯于矫饰,常好张扬,事事计较,精明干练,吃不得半点儿亏。内智者,外为糊涂之状,不善斤斤计较,事事算大不算小,达观、大度、不拘小节。愚智之别,实为内外之别,虚实之分。《论语·为政》中讲孔子的弟子颜回会"守愚",深得其师的喜爱,他表面上唯唯诺诺,迷迷糊糊,其实他在用心,所以课后他总能把先生的教导清楚而有条理地讲出来,可见若愚并非真愚,大智若愚的人给人的印象是虚怀若谷,宽厚敦和,不露锋芒,甚至有点木讷。

明代时,况钟最初以小吏的低微身份追随尚书吕震左右。况钟虽是小吏,但头脑精明,办事忠诚。吕震十分欣赏他的才能,推荐他当郎中,最后出任苏州知府。

初到苏州,况钟假装对政务一窍不通,凡事问这问那。府里的小吏们怀抱公文,个个围着况钟转悠,请他批示。况钟佯装不知,瞻前顾后地询问小吏,小吏说可行就批准,小吏说不行就不批准,一切听从部属的安排。这样一来,许多官吏乐得手舞足蹈,个个眉开眼笑,说况钟是个大笨蛋。

过了三天,况钟召集全府上下官员,一改往日温柔愚笨之态,大声责骂道:"你们这些人中,有许多奸佞之徒,某某事可行,他却阻止我去办;某某事不可行,他则怂恿我,以为我是个糊涂虫,耍弄我,实在太可恶了!"况钟下令,将其中的几个小吏捆绑起来一顿狠揍,鞭挞后扔到街上。

此举使余下几个部属胆战心惊,原来知府大人心里明亮着呢!个个一改拖拉、懒散的样子,积极地工作,从此苏州得到大治,百姓安居乐业。

其实在"若愚"的背后,隐含的是真正的大智慧、大聪明。大智若愚,真是一种智慧人生!

150

拖延是导致失败的恶魔

拖延是一个将导致许多误区的恶魔。

一日有一日的理想和决断，昨日有昨日的事，今日有今日的事，明日有明日的事。

放着今天的事情不做，非得留到以后去做，其实在拖延中所耗去的时间和精力，就足以把今日的工作做好。

决断好了的事情拖延着不去做，还往往会对我们的品格产生不良的影响。

受到拖延引诱的时候，要振作精神去做，决不要去做最容易的，而要去做最艰难的，并且坚持做下去。

美国哈佛大学人才学家哈里克说："世上有93％的人都因拖延的陋习而一事无成，这是因为拖延能杀伤人的积极性。"

你是一个办事拖拉的人吗?如果你像大多数人一样，那么答案肯定为"是"，拖延是人性的一种弱点，它在生活中不仅强大而且令人讨厌;如果每当你遇到糟糕的情况，你总是说"我应该做它，但应付它现在已经太晚"，那么，你的"拖延"误区的形成则不能归咎于

外在力量的影响,它完全是由你自己的因素造成的。

拖延是一个将导致许多误区的恶魔。很少有人能坦率地承认他们是不拖延的,虽然这种心态从长远来说是不健康的。正如前面已经探讨过的其他误区所表明的后果一样,拖延这一行为本身也不可能带来健康的后果。当然,实际上,拖延是不存在的,因为你只是没有做你打算做的事而已。它实际上是一种反映了神经官能症的情绪副作用和固定的行为模式。如果你觉得你拖延并喜欢这样做而且又没有负疚感、焦虑感或忐忑不安的感觉,那么,你就继续那样做下去好了。然而,对大多数人来说,拖延实际上总是会使他们期待已久的幸福迟迟不能到来。

我们个人在自己的一生中,有着种种的憧憬、种种的理想、种种的计划,如果我们能够将这一切的憧憬、理想与计划,迅速地加以执行,那么我们在事业上的成就不知道会有怎样的伟大!然而,人们往往有了好的计划后,不去迅速地执行,而是一味的拖延,以致让一开始充满热情的事情冷淡下去,使幻想逐渐消失,使计划最后破灭。

希腊神话告诉人们,智慧女神雅典娜是在某一天突然从丘比特的头脑中一跃而出的,跃出之时雅典娜衣冠整齐,没有凌乱现象。同样,某个高尚的理想、有效的思想、宏伟的幻想,也是在某一瞬间从一个人的头脑中跃出的,这些想法刚出现的时候也是很完整的。但有着拖延恶习的人迟迟不去执行,不去使之实现,而是留待将来再去做。其实,这些人都是缺乏意志力的弱者。而那些有能力并且意志坚强的人,往往趁着热情最高的时候就去把理想付诸实施。

一日有一日的理想和决断，昨日有昨日的事，今日有今日的事，明日有明日的事。今日的理想，今日的决断，今日就要去做，一定不要拖延到明日，因为明日还有新的理想与新的决断。

拖延的习惯往往会妨碍人们做事，因为拖延会消灭人的创造力。其实，过分的谨慎与缺乏自信都是做事的大忌。有热忱的时候去做一件事，与在热忱消失以后去做一件事，其中的难易苦乐要相差很大。趁着热忱最高的时候，做一件事情往往是一种乐趣，也是比较容易的；但在热情消灭后，再去做那件事，往往是一种痛苦，也不易办成。

放着今天的事情不做，非得留到以后去做，其实在拖延中所耗去的时间和精力，就足以把今日的工作做好。所以，把今日的事情拖延到明日去做，实际上是很不合算的。有些事情在当初来做会感到快乐、有趣，如果拖延了几个星期再去做，便感到痛苦、艰辛了。比如写信就是一例，一收到来信就回复，是最为容易的，但如果一再拖延，那封信就不容易回复了。因此，许多大公司都规定，一切商业信函必须于当天回复，不能让这些信函搁到第二天。

命运常常是奇特的，好的机会往往稍纵即逝，犹如昙花一现。如果当时不善加利用，错过之后就后悔莫及。

决断好了的事情拖延着不去做，还往往会对我们的品格产生不良的影响。唯有按照既定计划去执行的人，才能增进自己的品格，才能使其人格受到他人的敬仰。其实，人人都能下决心做大事，但只有少数人能够一以贯之地去执行他的决心，而也只有这少数人是最后的成大事者：

当一个生动而强烈的意念突然闪耀在一个作家脑海里时，他

153

就会生出一种不可遏制的冲动，提起笔来，要把那意念描写在白纸上。但如果他那时因为有些不便，无暇执笔来写，而一拖再拖，那么，到了后来那意念就会变得模糊，最后，竟完全从他思想里消逝了。

一个神奇美妙的幻想突然跃入一个艺术家的思想里，迅速得如同闪电一般，如果在那一刹那间他把幻想画在纸上，必定有意外的收获。但如果他拖延着，不愿在当时动笔，那么过了许多日子后，即使再想画，那留在他思想里的好作品或许早已消失了。

灵感往往转瞬即逝，所以应该及时抓住，要趁热打铁，立即行动。

更坏的是，拖延有时会造成悲惨的结局。恺撒大将只因为接到报告后没有立即阅读，迟延了片刻，结果竟丧失了自己的性命。曲仑登的司令雷尔叫人送信向恺撒报告，华盛顿已经率领军队渡过特拉华河。但当信使把信送给凯撒时，他正在和朋友们玩牌，于是他就把那封信放在自己的衣袋里，等牌玩完后再去阅读。读完信后，他方知大事不妙，等他去召集军队的时候，时机已经太晚了。最后全军被俘，连他自己的性命也丧在敌人的手中。就是因为数分钟迟延，恺撒竟然失去了他的荣誉、自由和生命！

有的人身体有病却拖延着不去就诊，不仅身体上要受极大的痛苦，而且病情可能恶化，甚至成为不治之症。

没有别的什么习惯，比拖延更为有害。更没有别的什么习惯，比拖延更能使人懈怠、减弱人们做事的能力。

人应该极力避免养成拖延的恶习。受到拖延引诱的时候，要振作精神去做，决不要去做最容易的，而要去做最艰难的，并且坚持做下去。这样,自然就会克服拖延的恶习。拖延往往是最可怕的敌人,它是时间的窃贼,它还会损坏人的品格,败坏好的机会,劫夺人的自由,使人成为它的奴隶。

要医治拖延的恶习,唯一的方法就是立即去做自己的工作。要知道,多拖延一分,工作就难做一分。

"立即行动",这是一个成大事者者的格言,只有"立即行动"才能将人们从拖延的恶习中拯救出来。

你要想拥有争抢时效的方法——绝不拖延,立即开始行动的第一条法则是:

世上有93%的人都因拖延的陋习而一事无成!

155

让优柔寡断从你的生活中走开

　　每天都有几千人把自己辛苦得来的新构想取消或埋葬掉,因为他们不敢执行。

　　一定要让优柔寡断、犹豫不决从自己的生活中走开,从现在就开始做!

　　犹豫不决的人总是想等待好的时机,才去做事;实际上这些人缺乏的就是马上开始的决心,因为"真应该那么做却没有那么做"常令许多人遗憾终生。如果你想成大事,千万不能这样:有很多好计划没有实现,只是因为应该说"我现在就去做,马上开始"的时候,却说"我将来有一天会开始去做。"

　　我们用储蓄的例子来说明这个问题。人人都认为储蓄是件好事。虽然它很好,却不表示人人都会依据有系统的储蓄计划去做。许多人都想要储蓄,只有少数人才真正做到。

　　这里是一对年轻夫妇的储蓄经过。毕尔先生每个月的收入是1000美元,但是每个月的开销也要1000美元,收支刚好相抵。夫妇俩都很想储蓄,但是往往有好多理由使他们无法开始。他们说了好几年:"加薪以后马上开始存钱"、"分期付款还清以后就要……"、"渡过这次难关以后就要……"、"下个月就要"、"明年就要开始存钱。"

最后还是他太太珍妮不想再拖,她对毕尔说:"你好好想想看,到底要不要存钱?"他说:"当然要啊!但是现在省不下来呀!"

珍妮这一次下定决心了。她说:"我们想要存钱已经想了好几年,由于一直认为省不下,才一直没有储蓄,从现在开始要认为我们可以储蓄。我今天看到一个广告说,如果每个月存100元,15年以后有18000元,外加6600元的利息。广告又说:'先存钱,再花钱'比'先花钱,再存钱'容易得多。如果你真想储蓄,就把薪水的10%存起来,不可移作他用。我们说不定要靠饼干和牛奶过到月底,只要我们真的那么做,一定可以办到。"

他们为了存钱,起先几个月当然吃尽了苦头,尽量节省,才留出这笔预算。现在他们觉得"存钱跟花钱一样好玩"。

想不想写信给一个朋友?如果想,现在就去写。有没有想到一个对于生意大有帮助的计划?如果有,马上就去实行。时时刻刻记着本杰明·富兰克林的话:"今天可以做完的事不要拖到明天。"

这也就是俗话所说的:"今日事,今日毕。"

如果你时时想到"现在",就会完成许多事情;如果常想"将来有一天"或"将来什么时候",那就一事无成。

五六年前,有个很有才气的教授想写一本传记,专门研究"几十年以前一个让人议论纷纷的人物的轶事。"这个主题又有趣又少见,真的很吸引人。这位教授知道的很多,他的文笔又很生动,这个计划注定会替他赢得很大的成就、名誉与财富。

一年过后一位朋友碰到他时，无意中提到他那本书是不是快要大功告成了。

老天爷，他根本就没写。他犹豫了一下子，好像正在考虑怎么解释才好。最后终于说他太忙了，还有许多更重要的任务要完成，因此自然没有时间写了。

他这么辩解，其实就是要把这个计划埋进坟墓里。他找出各种消极的想法。他已经想到写书多么累人，因此不想找麻烦，事情还没做就已经想到失败的理由了。

具体可行的创意的确很重要，我们一定要有创造与改善任何事的创意。成大事者跟那些缺乏创意的人永远无缘。

但是你也不能对这一点有误解。因为光有创意还不够。那种能使你获得更多的生意或简化工作步骤的创意，只有在真正实施时才能实现价值。

每天都有几千人把自己辛苦得来的新构想取消或埋葬掉，因为他们不敢执行。过了一段时间以后，这些构想又会回来折磨他们。

记住下面两种想法：

一、切实执行你的创意，以便发挥它的价值。不管创意有多好，除非真正身体力行，否则永远没有收获。

二、实行时心理要平静。拿破仑·希尔认为，天下最悲哀的一句话就是，我当时真应该那么做却没有那么做。我们经常听到有人说："如果我早几年就开始那笔生意，早就发财了!"或"我早就料到了，我好后悔当时没有做。"一个好创意如果胎死腹中，真的会叫人叹息不已，永远不能忘怀，如果真的彻底施行，当然也会带来无限的满足。

你现在已经想到一个好创意了吗?如果有,现在就去做。

看了下面的故事,你就知道,在人的一生中,果断地做出决定是多么重要。

美国拉沙叶大学的一位业务员前去拜访西部一小镇上的一位房地产经纪人,想把一个"销售及商业管理"课程介绍给这位房地产商人。

这位业务员到达房地产经纪人的办公室时,发现他正在一架古老的打字机上打着一封信。这位业务员自我介绍一番,然后介绍他所推销的这个课程。

那位房地产商人显然听得津津有味。然而,听完之后,却迟迟不表示意见。

这位业务员只好单刀直入了:"你想参加这个课程,不是吗?"

这位房地产商人以一种无精打采的声音回答说:"呀,我自己也不知道是否想参加。"

他说的倒是实话,因为像他这样犹豫不决难以迅速做出决定的人有数百万之多。

这位对人性有透彻认识的业务员,这时候站起来,准备离开,但接着他采用了一种多少有点刺激的战术。下面这段话使房地产商人大吃一惊。

"我决定向你说一些你不喜欢听的话,但这些话可能对你很有帮助。

"先看看你工作的办公室,地板脏得可怕,墙壁上全是灰尘。你现在所使用的打字机看来好像是大洪水时代诺亚先生在方舟上所用过的。你的衣服又脏又破,你脸上的胡子也未刮干净,你的眼光告诉我你已经被打败了。

"在我的想象中,在你家里,你太太和你的孩子穿得也不好,也许吃得也不好。你的太太一直忠实地跟着你,但你的成就并不如她当初所希望的。在你们结婚时,她本以为你将来会有很大的成就。

"请记住,我现在并不是向一位准备进入我们学校的学生讲话,即使你用现金预缴学费,我也不会接受。因为,如果我接受了,你将不会拥有去完成它的魄力,而我们不希望我们的学生当中有人失败。

"现在,我告诉你你为何失败。那是因为你没有作出一项决定的能力。

"在你的一生中,你一直养成一种习惯:逃避责任,无法作出决定,结果到了今天,即使你想做什么,也无法办得到了。

"如果你告诉我,你想参加这个课程,或者你不想参加这个课程,那么,我会同情你,因为我知道,你是因为没钱才如此犹豫不决。但结果你说什么呢?你承认你并不知道你究竟参加或不参加。你已养成逃避责任的习惯,无法对影响到你生活的所有事情作出明确的决定。"

这位房地产商人呆坐在椅子上,下巴往后缩,他的眼睛因惊讶而膨胀,但他并不想对这些尖刻的指控进行反驳。这时,这位业务员说了声再见,走了出去,随手把房门关上。但又再度把门打开,走了回来,带着微笑在那位吃惊的房地产商人面前坐下来,说:

"我的批评也许伤害了你,但我倒是希望能够触怒你。现在让我以男人对男人的态度告诉你,我认为你很有智慧,而且我确信你有能力，但你不幸养成了一种令你失败的习惯。但你可以再度站起来。我可以扶你一把，只要你愿意原谅我刚才所说过的那些话。

"你并不属于这个小镇。这个地方不适合从事房地产生意。你赶快替自己找套新衣服，即使向人借钱也要去买来，然后跟我到圣路易市去。我将介绍一个房地产商人和你认识，他可以给你一些赚大钱的机会，同时还可以教你有关这一行业的注意事项，你以后投资时可以运用。

"你愿意跟我来吗？"

那位房地产商人竟然抱头哭泣起来。最后，他努力地站了起来，和这位业务员握握手，感谢他的好意，并说他愿意接受他的劝告，但要以自己的方式去进行。他要了一张空白报名表，签字报名参加《推销与商业管理》课程，并且凑了一些一毛、五分的硬币，先交了头一期的学费。

3年以后，这位房地产商人开了一家拥有60名业务员的大公司，成为圣路易市最成大事者的房地产商人之一，他还指导其他业务员工作，每一位准备到他公司上班的业务员，在被正式聘用之前，都要被叫到他的私人办公室去，他把自己的转变过程告诉这些新人，从拉沙叶大学那位业务员初次在那间寒酸的小办公室与他见面开始说起。

这位房地产商人的经历无疑告诉我们：一定要让优柔寡断、犹豫不决从自己的生活中走开，从现在就开始做！

立即行动胜于胡思乱想

一次行动胜于百遍胡思乱想,成大事者关键在于行动。

梦想是成大事者的起跑线,决心则是起跑时的枪声,行动犹如跑者全力的奔驰,唯有坚持到最后一秒,方能获得成大事者的锦标。

一次行动胜于百遍胡思乱想,成大事者关键在于行动。

有一位名叫西尔维亚的美国女孩,她的父亲是波士顿有名的整形外科医生,母亲在一家声誉很高的大学担任教授。

她的家庭对她有很大的帮助和支持,她完全有机会实现自己的理想。

她从念大学的时候起,就一直梦寐以求地想当电视节目的主持人。

她觉得自己具有这方面的才干,因为每当她和别人相处时,即便是陌生人也都愿意亲近她并和她长谈。

她知道怎样从人家嘴里"掏出心里话",她的朋友们称她是他们的"亲密的随身精神医生"。

她自己常说:"只要有人愿给我一次上电视的机会,我相信一定能成大事。"

但是,她为达到这个理想而做了些什么呢?其实什么也没做!

她在等待奇迹出现,希望一下子就当上电视节目的主持人。这种奇迹当然永远也不会到来。因为在她等奇迹到来的时候,奇迹正与她擦肩而过。

有个落魄的中年人每隔三两天就到教堂祈祷,而且他的祷告词几乎每次都相同。

"上帝啊,请念在我多年来敬畏你的份上,让我中一次彩票吧!阿门。"

几天后,他又垂头丧气地回到教堂,同样跪着祈祷:"上帝啊,为何不让我中彩票?我愿意更谦卑地来服侍你,求你让我中一次彩票吧!阿门。"

又过了几天,他再次出现在教堂,同样重复他的祈祷。如此周而复始,不间断地祈求着。

终于有一次,他跪着:"我的上帝,为何你不垂听我的祈求?让我中彩票吧!只要一次,让我解决所有困难,我愿终身奉献,专心侍奉你……"

就在这时,圣坛上空传来一阵宏伟庄严的声音:"我一直垂听你的祷告。可是,最起码,你老兄也该先去买一张彩票吧!"

你明白为什么这样的人注定不会成大事了吧? 光有梦想是不够的,要想成大事你必须为自己的理想认真地铁定追求到底的决心,并且马上行动!

梦想是成大事者的起跑线,决心则是起跑时的枪声,行动犹如跑者全力的奔驰,唯有坚持到最后一秒,方能获得成大事者的锦标。

哥伦布还在求学的时候,偶然读到一本毕达哥拉斯的著作,知道地球是圆的,他就牢记在脑子里。

经过很长时间的思索和研究后,他大胆地提出,如果地球真是圆的,他便可以经过极短的路程而到达印度了。

自然,许多有常识的大学教授和哲学家们都耻笑他的意见。因为,他想向西方行驶而到达东方的印度,岂不是傻人说梦话吗?

他们告诉他:地球不是圆的,而是平的,然后又警告道,他要是一直向西航行,他的船将驶到地球的边缘而掉下去……这不是等于走上自杀之途吗?

然而,哥伦布对这个问题很有自信,只可惜他家境贫寒,没有钱让他实现这个冒险的理想,他想从别人那儿得到一点钱,助他成大事,他一连空等了17年,还是失望。他决定不再等下去,于是启程去见皇后伊莎贝露,沿途穷得竟以乞讨糊口。

皇后赞赏他的理想,并答应赐给他船只,让他去从事这种冒险的工作。

为难的是,水手们都怕死,没人愿跟意随他去,于是哥伦布鼓起勇气跑到海滨,捉住了几位水手,先向他们哀求,接着是劝告,最后用恫吓手段逼迫他们去。

一方面他又请求女皇释放了狱中的死囚,允许他们如果冒险成大事者,就可以免罪恢复自由。

一切准备既妥,1492年8月,哥伦布率领三艘帆船,开始了一个划时代的航行。

刚航行几天,就有两艘船破了,接着又在几百平方公里的海藻中陷入了进退两难的险境。

他亲自拨开海藻,才得以继续航行。

在浩瀚无垠的大西洋中航行了六七十天,也不见大陆的踪影,水手们都失望了,他们要求返航,否则就要把哥伦布杀死。

哥伦布兼用鼓励和高压两手,总算说服了船员。

也是天无绝人之路,在继续前进中,哥伦布忽然看见有一群飞鸟向西南方向飞去,他立即命令船队改变航向,紧跟这群飞鸟。

因为他知道海鸟总是飞向有食物和适于它们生活的地方,所以他预料到附近可能有陆地。

哥伦布果然很快发现了美洲新大陆。

可以想象,如果哥伦布再等下去,必然会一生蹉跎"空悲切,白了少年头",美洲大陆的发现者可能改换他人了。成大事者的桂冠永远不会属于他哥伦布了。哥伦布最终成了英雄,从美洲带回了大量黄金珠宝,并得到了国王的奖赏,以新大陆的发现者名垂千古,这一切都是行动的结果。

夜长梦多，决不拖拉

兵家常说："用兵之害，犹豫最大也。"实际上，犹豫不决，当断不断的祸害，不仅仅表现于战场上，在现代的商业战略上又何尝不是如此呢?商战之中，机不可失，时不再来，如果犹豫不决，当断不断，那你在商场上只会一败涂地，无立身之处。因此，斩钉截铁、坚决果断，已成为当代经营企业家的成功秘诀之一。当然，这里说的当机立断，首先，指的是认准行情、深思熟虑后的果敢行动，而不是心血来潮或凭意气用事的有勇无谋。宋人张泳说："临事三难：能见，为一；见能行，为二；行必果决，为三。"当机立断的另一方面，并非仅仅指进攻和发展。有时，按兵不动或必要的撤退也是一种果敢的行为，该等待观望时就应按兵不动。撤退时就应该撤退，这也是一种当机立断的行为。

最让人感慨的当是"夜长梦多"这一俗语了。夜长梦多，指的是做某些事，如果历时太长，或拖得太久，就容易出问题。

"夜长"了，"噩梦"就多，睡觉的人会受到意外的惊吓，反而降低了睡眠的效果。同理，做事犹犹豫豫，久不决断，也会错失良机。

"失时非贤者也"。

《史记》中有"兵为凶器"的说法。意思是说，不在万不得已时，不得出兵；但是，一旦出兵就得速战速决。"劳师远征"或"长期用兵"，每每带来的都是失败。

拿破仑穷兵黩武，征战欧洲，不可一世，但后来却有了"滑铁卢"之悲剧；希特勒疯狂于侵略他国，得到的却是国破家亡，主权不保。这都是由于：

第一，他们没有认清战争的害处；

第二，他们不懂得"夜长梦多"的真正外延。

中国人向来讲究不温不火，从容自若，慢条斯理的做事态度，大难临头，"刀架脖子上"也能泰然处之。能够做到这样，才算得上气宇大度的君子。然而，这并不是说中国人就喜欢做事拖拉，或不善于抓住战机。事实上，中国人在追求和谐、宁静、优雅的同时，无时不在潜心于捕捉机遇。

有一种"无为而治"的政治哲学。从表面上看，它似乎也是优哉游哉的处世信条，但就其内涵，远非字面那么浅显。所谓"无为"并不是单纯的"不为"，而是"阴谋诡计"之极为，它无时不在宁静的外表下进行频繁的权谋术数的操作。

打个比方，一个车轮，以无限的速度旋转，似乎就看不到它在旋转了，抑或看到的是倒转，"无为"就是这种状态，"无为"才能"无不为"。因此，做事应快速决断，不要犹豫、踟蹰。

看光明快乐，心动不如行动

成功的秘诀，就是经常看光明快乐的一面，心动不如行动吧！

生涯规划在一般印象中都是刻板、很难做到、有压力的、不实用的、唱高调的……好像只限于文字作业。但是，如果大家愿意以较轻松的心情、实际的方式去学习"生活规划"，它将可以使生活与生命"同床共枕"而非"同床异梦"，大家是否愿意试试看？

若把社会上的人划分成六等份，如金字塔形图案，那么，在尖塔顶端的是成功者，人数最少，却皆为国家、社会最优秀杰出的人士，如企业家、哲学家、政治家，他们可以把经验传承下去，让后人受益不少。接下来便是成功人士，他们较成功者略逊一筹，但在其专业领域中却有出类拔萃的一面，如很多老的艺术家。第三层是为工作而生活的人，他们热爱工作、不计较收入，只为实现理想。第四层是为生活而工作的人，这种人比比皆是。譬如许多人在同一个工作岗位上工作了三四十年，有一天早上醒来，突然发觉何以能如此一成不变地工作那么漫长的岁月而不变化？他很可能会告诉你："没办法，为了生活嘛!"

为了年年调涨的薪资,为了怕换工作不适应,为了一家老小的安定生活,这种人把人生规划的意义全给模糊掉了。

第五层则是"随便"的人。有一回在采访时,偶然间听到这样的一段对话。某甲和某乙是好友,两人都在同一家电脑公司上班,下班时,某甲突然和某乙说"我这个工作再做下去也是前途有限,没什么意思。"某乙说:"既然没意思,那就换工作吧!"某甲随即接口:"随便。"

试问,这种人是不是很可悲?

金字塔最下面一层的人是放弃的人,他们在生活中不断放弃、自甘堕落。最明显的,便是在天桥上、地下通道中伏地行乞的人,每次看到这种人大家都应该都很难过,因为他们空有好手好脚却不思振作,只想博得行人的同情怜悯而施惠,比起那些手足残疾,却还能利用剩余劳力赚取生活费的人,是不是太惭愧了?

因此,每遇后者,人们应该上前对他说:"你这样做是不对的,为什么不好好地找份工作,用自己的力量养活自己?"不知道的"婆婆妈妈"收效大不大,但是,真的应该为这种自我放弃的人感到悲哀。

看完金字塔6种类型的分析,你觉得你属于哪一种人?或者你期望自己做哪一种人?

告诉你,只要你愿意向上攀爬,一定可以爬上去,因为社会是公平的。每一个人的人生都应妥善规划出自己想要的,而不是别人想要你做的。先学会把握自己的命运,等到有一天,我们也将成为别人生命中的贵人!

美国有个著名的社会心理学家斯金纳,曾就人的成长期区分

为4个阶段：

第一阶段：0至14岁的可塑期

这个阶段的孩子可塑性高，却也相当具依赖性，常以哭闹方式向父母及长辈要求，以便满足需要。事事好奇，喜以冒险探索的心态来追求自己想要的东西。

第二阶段：25至44岁的建立期

在这段年龄层，忙于建立事业基础、家庭基础、经济基础及感情基础，凡事渐趋于成熟。

第三阶段：45至65岁的维持期

人生各项大事均已确定，儿女渐趋长大，事业也稳定了，正处于人生的收成季节。

第四阶段：历岁以后的衰退期

"夕阳无限好，只是近黄昏"，在度过人生无数个高潮后，身体器官也开始老化，病情渐生。这时，对于子女会有许多依赖产生，希望他们多陪你，对他们的要求也愈来愈多，在人格的转变上仿佛又回复到第一阶段。所以，许多人都说"老人像小孩"，其实不无道理。

于是，斯金纳便从人的这样一个循环当中确定，人从生到死亡是相互依存、扶持的。从这样的理念结合到人生规划上，你正在规划的是未来整个生命的布局，5年、10年、20年，甚至退休后的生活，而这一大段过程和周围的人是关系密切，不可分离的。

企业为什么要聘请你？因为它依赖你的工作能力；你又为什么要到企业去上班？因为你的精神生活、物质生活全靠它来满足。所以，在生涯规划上，我并不鼓励你用刻板的方式去规划，而是要在人际关系的角色上弄得很清楚。你必须在整个规划的过程中受到

常让自己感动自己

很多人的帮助，而你也必须去帮助很多人，这样的规划才具有价值、意义。

许多企业家都曾表示，说他们 10 年、20 年后最想当的是慈善家。但是，当 10 年，甚至是 20 年过去后，可以肯定他们可能还只是个商人，而非慈善家。所以，当你规划了一个生命中最想达到的目标时，希望你现在做的事都是和那个目标有关系，而不只是假设，或虚构一幅 10 年、20 年后的美丽图案，却迟迟没有动手去做。

再提一个真实故事：有个四十几岁的中年男子，二十多岁进入一家银行时，因薪水不错，所以很满意；但到工作进入第 3 年时，不免也因固定的事务性工作而弹性疲乏，有换跑道的念头。偏巧这时他结婚了，开始有经济压力。于是他便想：换工作后未必能拿这么好的待遇，还是忍忍吧！再等几年再走也不迟。

过了两年后，老婆生孩子了，家庭的开销更大了。他便又告诉自己：再熬个把年吧，等孩子大了，那时我再离开吧！

过了 10 年，他的孩子是大了，但学费的压力随之而来。这时，他只好安慰自己说：没关系，生活嘛，等我退休了，一切都会转好的，为了这个家，反正我已没指望了，所有梦想也被摧毁殆尽；但是，等我退休后，起码我可以不再为工作烦心，我也可以带太太去各地走一走，说不定那时还有余力换栋好一点的房子。

等他快退休了，有一天逛商场，看到一套很喜欢的西装，想买；但一看标价，哇噻！要 600 元。想想：唉，反正家里还有两套西装，算了，退休后何必还要穿那么漂亮。继续逛下去，又看到一件纯羊毛背心很喜欢，但是，售价要 4300 元。他随即念头一转：冬天还能冷几天？两个月很快就过去了，何必浪费呢？

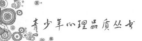
这个故事的结局用不着再描述了,想想就应该知道。

许多眼高手低的年轻人一心期望自己的未来能功成名就、当大老板,甚至轰轰烈烈地创出一番丰功伟业。但是,我却宁可看到你活在现在,去做现在就能做的事。如果你只是个胸怀大志,却无法立即去规划的人,那么理想也只是空中楼阁、海市蜃楼而已。

常让自己感动自己

该做且能够做的事,绝不拖到将来

在古老的原始森林,阳光明媚,鸟儿欢快地歌唱,辛勤地劳动,其中有一只寒号鸟,有着一身漂亮的羽毛和嘹亮的歌喉,更是到处游荡卖弄自己的羽毛和嗓子。看到别人辛勤地劳动,反而嘲笑不已,好心的鸟儿提醒它说:"寒号鸟,快垒个窝吧!不然冬天来了怎么过呢?"寒号鸟轻蔑地说:"冬天还早呢?着什么急呢!趁着今天大好时光,快快乐乐地玩玩吧!"

就这样,日复一日,冬天眨眼就到来了。鸟儿们晚上都在自己暖和的窝里安详地休息,而寒号鸟却在夜间的寒风里,冻得瑟瑟发抖,用美丽的歌喉悔恨过去,哀叫未来:"抖落落,抖落落,寒风冻死我,明天就垒窝。"

第二天,太阳出来了,万物苏醒了。沐浴在阳光中,寒号鸟好不得意,完全忘记了昨天晚上的痛苦,又快乐地歌唱起来。

有鸟儿劝它:"快垒窝吧!不然晚上又要发抖了。"

寒号鸟嘲笑地说:"不会享受的家伙。"

晚上又来临了,寒号鸟又重复着昨天晚上一样的故事。就这样

173

重复了几个晚上,大雪突然降临,鸟儿们奇怪寒号鸟怎么不发出叫声了呢?太阳一出来,大家寻找一看,寒号鸟早已被冻死了。

《寒号鸟》虽是一则寓言,但它的确讲明了在人的一生中,今天是多么重要,是你最有权力发挥或挥霍的,寄希望于明天的人,是一事无成的人,到了明天,后天也就成了明天。今天你把事情推到明天,明天你就把事情推到后天,一而再,再而三,事情永远没个完。

只有那些懂得如何利用"今天"的人,才会在"今天"创造成功事业的奠基石,孕育明天的希望。